脉冲神经网络与类脑芯片设计

石　匆　周喜川　田　敏　著

科学出版社

北　京

内 容 简 介

　　本书尝试阐述脉冲神经网络与神经形态处理器芯片的基本设计方法，以实现物端智能设备的能效和性能优化。本书首先介绍物端智能计算领域的背景与研究现状，然后从基本的脉冲神经元模型出发，介绍脉冲神经网络相关的基础知识和技术，再以多款典型物端神经形态处理器为例，详细介绍物端神经形态芯片的算法、架构和电路协同设计优化方法，为进一步研究物端神经计算新模型及神经形态硬件新架构开拓思路。

　　本书适合对人工智能、类脑计算、神经计算、神经形态处理器设计感兴趣的研究生、高年级本科生及工程研发人员阅读。

图书在版编目 (CIP) 数据

脉冲神经网络与类脑芯片设计 / 石匆, 周喜川, 田敏著. -- 北京：科学出版社, 2025.3. -- ISBN 978-7-03-081277-3

Ⅰ. TP183；TN402

中国国家版本馆 CIP 数据核字第 202508N50Z 号

责任编辑：叶苏苏 / 责任校对：彭　映
责任印制：罗　科 / 封面设计：义和文创

科学出版社 出版

北京东黄城根北街 16 号
邮政编码：100717
http://www.sciencep.com

四川煤田地质制图印务有限责任公司印刷
科学出版社发行　各地新华书店经销

*

2025 年 3 月第 一 版　开本：720 × 1000　1/16
2025 年 3 月第一次印刷　印张：7 1/2
字数：151 000

定价：129.00 元

（如有印装质量问题，我社负责调换）

前　言

近年来，人工智能和集成电路技术高速发展，其中智能终端、自动驾驶、人工智能物联网等物端智能计算系统因具有低成本、高能效、隐私泄露风险低等特点，可以很好地满足快速膨胀的计算和应用服务需求，因此逐渐进入人们的视野，成为技术的新浪潮。

作者于 2019 年首次涉足物端类脑智能计算领域，几年来，我们对该领域进行了深入探索，尝试提出多种新型脉冲神经网络结构，并进一步研发了多款物端神经形态处理器，以探索其在物端智能视觉系统中的应用潜力。该研究方向涉及数学理论基础、计算机体系结构、集成电路设计、图像处理、信号处理等多学科知识。因此，我们萌生了撰写一本专著的想法，从最基本的类脑脉冲神经元模型入手，循序渐进地向读者介绍如何编解码神经元的输入输出信号，如何通过基本神经元模型构建一个脉冲神经网络，如何将脉冲神经网络映射到神经形态处理器中，如何在处理器架构和电路层面进行针对性地优化，从而设计出一款能够满足物端应用需求的神经形态处理器。本书基于目前的研究成果，集中介绍该领域相关研究进展及相关技术，以方便研究人员和工程师了解和学习。

传统的 AI 模型及硬件系统面临计算开销大、系统成本高、能量消耗大、缺乏自适应机制等瓶颈。如何通过由人脑信息处理机制启发的高效神经形态类脑计算范式，实现开销低、成本低、能效高、自适应性强的新型神经网络模型及细粒度分布式神经形态类脑系统，是未来实现万物互联、迈向去中心化时代的关键研究方向之一。针对上述挑战，本书尝试阐述一种神经网络算法与硬件协同设计的新范式，以实现物端智能设备中神经网络计算的能效和性能优化。本书涵盖目前物端类脑智能计算领域的前沿技术，介绍相关新型脉冲神经网络模型及多款神经形态硬件，希望能为相关领域的研究人员提供一些参考。我们相信，在后摩尔时代，为了在资源有限的条件下满足高性能、高能效的设计要求，跨越模型、算法、架构和电路等多个层面的协同设计方法将逐渐成为物端类脑智能计算设计的主流。同时，去中心化的物端智能计算也将成为未来发展的重要趋势之一。

书中的研究成果得到国家重点研发计划"微光探测器阵列及 ToF 三维成像芯片"（2019YFB2204）、国家自然科学基金联合基金重点项目"二维/三维融合处理全仿生脉冲型视觉芯片"（U20A20205）、重庆市自然科学基金重点项目"高能效类脑计算神经网络芯片设计研究"（cstc2019jcyj-zdxmX0017）的资助。

　　感谢重庆大学类脑芯片课题组的博士和硕士研究生在本书的组织和撰写过程中付出的努力，特别感谢王腾霄、王海冰、何俊贤、张靖雅，以及目前在清华大学攻读博士学位的何祯。感谢重庆先锋智能科技有限公司提供的流片资金和系统应用技术支持。感谢中国科学院半导体研究所吴南健教授提供的专业建议和指导。感谢科学出版社在本书出版过程中给予的大力支持。希望本书能够为读者提供有益的参考，若有疏漏之处，敬请指正。

石　匆　周喜川　田　敏
2024 年 10 月

目　　录

第1章 绪　　论

近年来，人工智能产业高速发展，在人脸识别、语音识别、工业产品检测、目标跟踪、车辆自动驾驶等领域得到了广泛应用。数据显示，2023年全球人工智能市场规模约为5153亿美元，包括软硬件平台、营销和销售、产品和服务等，同比增长20.7%[1]。同时，人类社会正迅速迈入万物互联的时代，基于智能嵌入式设备的物联网应用呈爆炸式增长。根据意大利PXR研究机构数据统计，预计到2025年，全球范围内创建和捕获的总数据量将达到181ZB（zetta byte，泽字节）[2]。传统基于服务器集中式计算的云端处理方案将本地设备产生的所有数据上传到云端进行统一处理，这种方式十分耗费能源，造成成本增加和资源浪费。另外，基于分布式计算的物端处理方案则具有很高的能量效率，可以很好地满足快速膨胀的计算和应用服务需求。物端智能计算系统不仅可以降低数据传输带宽，同时还能较好地保护隐私数据，降低终端敏感数据隐私泄露的风险。因此，随着人工智能技术去中心化、物端智能化，智能穿戴、语音助手、辅助驾驶等智能计算系统将极大地提高人类社会的发展效率，改善人们的生活。

然而，由于物端计算受限于系统体积和成本，存储计算资源和能量供给非常有限，而实际又有较高的实时处理需求，因此迫切需要部署高吞吐率、高能量效率、低面积成本的智能处理器芯片。但是，目前已广泛应用的人工神经网络（artificial neural network，ANN）需要众多神经元全体参与密集的矩阵乘法运算，即使采用专用加速芯片，其实时处理性能和能量效率提升依然存在瓶颈。此外，基于冯·诺依曼架构的中央处理器（central processing unit，CPU）和图形处理器（graphics processing unit，GPU）同样面临"功耗墙""存储墙"等瓶颈，难以满足物端智能应用对能量效率和处理延迟的需求。

相比之下，人脑仅需相当于一只电灯泡约20 W的功耗，就能精准快速地完成图像认知、语音识别等复杂任务，并能够不断地学习和调整认知。其原因在于大脑神经元采用时空上稀疏的电脉冲信号，对输入信息进行编码、传输、学习和推理，这使人脑只需消耗很少的能量就能快速响应接收的大量信息。受人脑工作机制的启发，人们提出了脉冲神经网络（spiking neural network，SNN）模型和神经形态（neuromorphic）芯片，通过模拟人脑工作机制，使用稀疏脉冲信号进行信息传输和处理，能够达到极高的能量效率，高度适用于物端智能应用场景，因此成为近年国内外的前沿研究热点。

本章首先简要回顾人工智能的发展历程，并向读者介绍物端智能计算的必要性和优势，然后介绍 SNN 和神经形态芯片的提出、国内外研究现状及该领域的挑战和目标。

1.1　人工智能发展背景

人工智能（artificial intelligence，AI）作为一门学科被确立于 20 世纪 50 年代。在这一时期，数位科学家和哲学家共同提出了人工智能的概念。被誉为人工智能之父的英国数学家艾伦·麦席森·图灵（Alan Mathison Turing）就是这一领域的领军人物之一。图灵认为，在利用信息解决问题和做出决策方面，机器可以与人类拥有一样的能力，他于 1950 年撰写了名为《计算机械与智能》[3]的文章来阐述这一观点，并提出著名的"图灵测试"，即让测试者（人类）向被测试者（人类或机器）随意提问，测试者需要通过被测试者的回答来判断对方是否为人类。如果机器可以让人类做出一定数量的误判，那么这台机器就通过了测试，并被认为具有人类智能。1956 年，各领域的顶尖科学家齐聚一堂，在美国达特茅斯学院开展了为期八周的夏季研究项目。其中包括计算机科学家马文·明斯基（Marvin Minsky）、约翰·麦卡锡（John McCarthy）和数学家克劳德·香农（Claude Shannon）等。其间，约翰·麦卡锡在该项目中提出了"人工智能"一词，并将其定义为"制造智能机器的科学和工程"，从此开辟了人工智能这一全新研究领域[4]。在人工智能的发展过程中，进一步衍生了多种研究分支，包括机器学习（machine learning）、专家系统（expert system）和机器人技术（robot technology）等，本书主要讨论机器学习研究领域。

机器学习是人工智能的一个子领域，即计算机通过学习从数据中提取规律、模式和知识，并利用这些知识来做出预测、决策或执行任务[4]。其中，ANN 是发展最迅速、应用最广泛的实现机器学习的方法之一。ANN 是受生物大脑中神经网络启发的一种计算模型，通过参考生物神经网络的结构和功能来建立或逼近某种数学模型。ANN 是被称作"人工神经元"的单元的集合，人工神经元模拟生物大脑中的神经元连接关系，以特定结构互相连接。早期的 ANN 研究聚焦于神经元功能结构和突触连接关系，仅能够实现小型神经网络模型，并解决一些简单的非线性问题[5, 6]。直到 1986 年，多伦多大学计算机科学系的教授杰弗里·辛顿（Geoffrey Hinton）等提出了反向传播（back propagation，BP）[7]算法，他们利用链式法则反向传播网络输出误差以调整网络参数，进一步实现了多层神经网络的训练。BP 算法为机器学习的理论研究奠定了重要基础，使训练大规模 ANN 模型成为可能，极大地推动了该领域的研究和发展。

自 BP 算法提出并成功应用于多个应用领域后，ANN 的研究取得了长足发展，大量的网络结构和训练方法被提出，呈现出百花齐放的态势。1998 年，纽约大学的杨立昆（Yann LeCun）教授提出了卷积神经网络（convolutional neural network, CNN）及其变种[8]，极大地提升了机器学习方法在图像分类应用中的能力，为后续提出的神经网络模型奠定了基础。2006 年，辛顿提出了深度玻尔兹曼机[9]，成功解决了训练多层 ANN 时误差梯度消失的问题，该项研究具有里程碑的意义，从此 ANN 的研究正式进入"深度"时代。在随后的 20 年，机器学习的研究进入了一个爆发式增长阶段，在图像分类、目标识别、自然语言处理等领域得到了巨大突破。具有代表性的时间节点之一是 2012 年，该年辛顿教授的学生 Alex Krizgevsky 提出了 AlexNet[10]，并在 2012 ImageNet 挑战赛中以远超第二名的成绩一举夺得冠军，获得了世界范围的关注。2015 年，何凯明团队提出了 ResNet[11]，利用残差（residual）机制成功将神经网络扩展到了 100 层以上，并在 2015 ImageNet 挑战赛和 COCO 挑战赛中均取得了第一名，在目标检测、目标定位、图像分割等应用领域取得了优异表现。2022 年，OpenAI 公司的人工智能聊天机器人 ChatGPT[12] 问世，其采用生成式预训练变换器（generative pre-trained transformer，GPT）大模型，其模型参数量高达 175 亿，在自然语言处理领域展现出强大的处理能力。ChatGPT 问世后获得了全世界的广泛关注，迅速成为历史上扩展速度最快的消费者应用程序，在两个月内就收获了 1 亿用户，这标志着以大模型技术为代表的人工智能新时代的开启。

1.2　物端智能计算

以 ChatGPT 为代表的 AI 大模型在给人类社会带来巨大变革的同时，也耗费了大量的能源，并产生了非常高的碳排放。据国际能源署报告，在全球范围内，云端数据中心目前约占全球用电量的 1%～1.5%[13]，全球人工智能领域的蓬勃发展还会使这一数字大幅上升。为了节约能耗，提升智能设备的能量效率，物端计算逐渐进入人们的视野。物端计算是一种新兴的计算模式，旨在将数据处理和存储功能推送到距离数据源更近的边缘设备，而不是完全依赖集中在云端的数据中心。"边缘"可以被定义为数据源和云端数据中心之间路径上的任何计算和网络资源[14]。例如，智能手机是身体事物和云之间的边缘，智能家居的网关是家居事物和云之间的边缘，微数据中心是移动设备和云之间的边缘。因此，物端计算本质上是一种分布式计算，即将数据资料的处理、应用程序的运行甚至某些功能服务的实现，由云端数据中心下放到网络边缘的节点，使数据可以在产生的地方进行即时处理和分析。这种计算模式的优势在于可以显著降低能量消耗和数据传输延迟，提高系统响应速度，同时减轻云端数据中心的负担，降低网络传输带宽的压力。同时，物端计算的理念是让数据处理更靠近数据源，通过在边缘设备上进行部分数据处理和决策，可以更有效地支持实时应用、降低对带宽和云资源的需求，还可以提高系统的安全性和隐私性。结合上述优势，物端计算的应用场景非常广泛，特别适用于需要高能效、低延迟、高可靠性和实时数据处理的领域。例如，在物联网领域，大量的传感器和设备将产生海量数据，通过物端计算可以实现对数据的实时处理和分析，从而更好地支持辅助驾驶、智慧城市、智能交通等应用。总地来说，物端计算的出现使高能效数据处理和实时应用更加灵活和高效，推动了智能化、自动化应用的发展，为未来的数字化社会和智能化生活奠定了坚实基础。

从物端计算的特点可以看出，物端智能计算设备需要满足下面的基本要求。

（1）计算延迟低，具备实时性。延迟是评估物端智能设备性能最重要的指标之一，特别是在交互应用程序/服务中[14]。例如，在智能城市应用场景中，可以利用手机立即处理拍摄的照片，而不是上传到云端处理。

（2）能量效率高，耗电低。由于物端智能设备通常需要长时间运行，所以需要设备具备低功耗特性，以延长电池寿命或减少能耗。例如，智能手表具有监测健康数据、接收通知等功能。为了延长电池寿命，智能手表通常采用低功耗处理器，以延长使用时间。

（3）低成本。从服务提供商的角度来看，物端智能设备必须保证较低成本，才能保证产品的竞争力，并推动市场的发展[14]。例如，智能门锁通常采用高成本效益的组件和简化设计，需要在满足用户需求的同时保持相对低的制造成本。

1.3　脉冲神经网络和神经形态处理器

由于物端计算受限于系统体积和成本，存储计算资源和能量供给非常有限，而现实又有较高的实时处理需求，因此迫切需要部署具有高吞吐率、高能量效率、低面积成本的智能处理器芯片。但是，目前已经广泛应用的 ANN 需要众多神经元全体参与密集的矩阵乘法运算，即使采用专用加速芯片，其实时处理性能和能量效率提升依然存在瓶颈。另外，此类基于冯·诺依曼架构的处理器在提升性能的同时，受散热和内存访问速度的限制，遭遇了"功耗墙"和"存储墙"瓶颈，难以满足物端智能应用对能量效率和处理延迟的需求。先进的 CPU 和 GPU 的成本和能耗均较高，例如，可专门用于神经网络加速的 NVIDIA RTX 4090 显卡的整体功耗高达 450 W，单张显卡的售价高于 1 万元，难以部署到对能量效率和硬件成本具有严格要求的物端应用场景中。虽然在面向特定应用时可以定制设计加速芯片以降低成本，但在能效指标上仍难以满足物端智能应用场景的需求[15]。

相比之下，研究发现人类大脑皮层约有 860 亿个神经元，但采用时间空间上稀疏的电脉冲对感官输入信息进行编码、传输和处理时，计算量却很少，只需消耗约 20 W（约一盏白炽灯的功耗）就能完成实时学习和推理识别等高级认知过程，具有很高的能量效率。SNN 通过模拟人脑工作机制，基于时空上稀疏的脉冲信号来编码、传输和处理数据，从而模拟高效节能的人类大脑皮层的认知机制。在 SNN 中，单个脉冲神经元通过神经突触接收来自其他神经元的脉冲信号，并累积到自身膜电位上。当膜电位超过设定阈值时，则发射一个脉冲并传递给其他神经元，从而实现信息的处理与交互。与 ANN 相比，SNN 更接近大脑的生物结构和运行机制，认为其具有从复杂多变的环境中捕获时域动态信息的卓越能力，并且由于脉冲在时空域中是稀疏的，所以 SNN 中的各个神经元可以在有脉冲到达其突触时才触发计算，从而实现高效节能的事件驱动或者说"异步"运算。因此，相比于 ANN，SNN 更适用于物端智能应用场景。

由于 SNN 基于异步、稀疏的脉冲信号进行处理和运算，在传统的 CPU、GPU 上的运算效率十分低下，所以通常需要定制处理器芯片来高效运行 SNN。这类通过模拟人脑工作机制、运行 SNN 模型来提高智能系统能量效率的新型处理器称为神经形态处理器，其通常具有多个计算核，每个核内部包含相应的计算和存储资源，计算核之间独立并行运算，以此提升处理速度和能效。图 1.1 展示了 SNN 和神经形态处理器之间的关系。相比传统的 ANN 加速器，神经形态处理器具有高能量效率、低成本等特点，更适用于对成本和能效具有严格要求的物端智能应用场景。因此，本书将重点介绍面向物端智能应用的轻量级 SNN 模型和神经形态处理器芯片及其协同设计优化方法和案例。

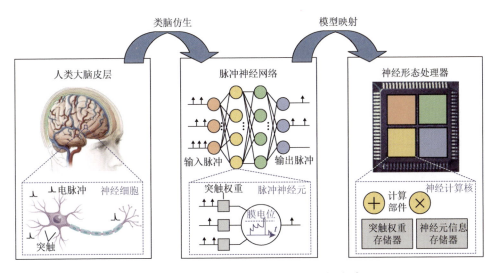

图 1.1　SNN 和神经形态处理器之间的关系

1.4　国内外研究现状

自 21 世纪初至今，在相关产业的迫切需求和各国政府机构的强力推动下，全球众多顶尖高校、科研院所和高科技企业投入到对 SNN 模型算法和神经形态处理器芯片的设计研究中。早期对 SNN 模型及其学习规则的研究主要聚焦于分析模拟大脑皮层神经元和连接突触的工作方式和动态特性，比较具有代表性的脉冲神经元模型包括泄漏积分点火（leaky integrate-and-fire，LIF）神经元模型[16]等，而最经典的 SNN 学习规则是脉冲时间依赖可塑性（spike-timing-dependent plasticity，STDP）学习规则[17]。本书将在第 2 章对相关内容进行详细介绍。这些脉冲神经元模型和学习规则奠定了 SNN 学习规则领域的基础，但它们只能支持单层或浅层 SNN 模型的训练，所以识别率较低，应用范围受限。为此，研究者们展开了更深入的研究，提出更先进的 SNN 学习规则。到目前为止，国内外各研究机构已经提出多种构建和训练多层甚至深度 SNN 的方法，这些方法能够进行层次化特征提取，以提升 SNN 网络的识别率，这些训练算法大致可以归为以下四类：①新加坡国立大学[18]、南洋理工大学[19]、林肯大学[20]、浙江大学[21]及德黑兰大学[22]等提出的手动定制特征提取层方法，即设计一层手动定制、不可训练的特征提取 SNN 层，后接一层可训练的 SNN 特征分类网络，相比单层 SNN 网络，这种两层 SNN 可提升的识别率非常有限；②塞维利亚大学[23]、中国科学院[24]及苏黎世联邦理工学院[25, 26]等提出的 ANN 转 SNN，即使用标准误差 BP 算法离线训练深度 ANN，然后将其转换为等效的 SNN 架构，这种技术通常可以达到最高的识别率，但计算过程复杂，难以在资源受限的物端系统上进行片上学习；③普渡大学[27, 28]和德黑兰大学[29]等提出的逐层 STDP 学习，即使用无监督 STDP 学习规则依次训练多层或深度 SNN 网络的各层，但该算法的训练延迟过大，难以对输入数据做到实时在线学习；④清华大学[30]、得克萨斯农工大学[31]、海德堡大学[32]、加利福尼亚大学[33]和路易斯安那大学[34]等提出的基于误差反传机制的深度 SNN 学习规则，该法采用传统 ANN 中的 BP 算法和误差梯度下降思想来直接训练 SNN，为了克服由脉冲域信号的非连续性引起的不可微问题，通过各种近似梯度计算方法来估算各层误差梯度并更新突触权重，尽管该方法可以实现很高的识别率，但误差逐层传播带来的计算复杂度和高延迟对其在实时物端智能系统中的部署应用带来了巨大的挑战。

在对神经形态处理器芯片的研究方面，早期神经形态处理器的设计目标多为精确复现大脑皮层细胞的底层工作方式和动态特性细节，较多采用模拟或数模混合电路实现[35, 36]。随着集成电路工艺的高速发展，数字芯片在集成度、抗噪声能力和功能灵活性上的优势愈加明显，因此近年来更多的神经形态处理器基于数字电路进行设计和实现。神经形态芯片通常分为可编程、可重构的大型神经形态处理器芯片和小型化的专用神经形态处理器芯片。最具代表性的大型神经形态处理器芯片包括斯坦福大学的 Neurogrid[55]、曼彻斯特大学的 SpiNNaker[37, 38]、曼彻斯特大学与德累斯顿工业大学合作研发的 SpiNNaker-2[39]、IBM 公司的 TrueNorth[40]、斯坦福大学的 Neurogrid[41] 及 Intel 公司的 Loihi[41] 和 Loihi-2[42] 等，它们的目标是通过构建多芯片阵列系统的大规模仿真平台来完成神经科学研究和数据中心认知任务，芯片面积从数十至上百平方毫米不等，表现出高度复杂性及可编程性，但代价是芯片面积大且功耗相对较高。国内也报道了许多先进的大型神经形态处理器芯片。浙江大学潘纲教授团队在 2015 年发布了数字神经形态处理器芯片 Darwin[43]，基于 180 nm 工艺，面积为 25 mm^2，支持灵活配置脉冲神经网络结构、神经元和突触数量等参数。该团队于 2019 年成功研发的第二代芯片 Darwin-2，采用 55 nm 工艺，由 576 个神经计算核组成，每个计算核可运行 256 个神经元和超过 1000 万突触单元[44]。随后，该团队又于 2024 年发布了 Darwin-3[45]，他们采用一种新型指令集结构，有效提升了编程的灵活性和芯片性能。2019 年，清华大学施路平教授团队设计的数字神经形态芯片 Tianjic 登上《自然》杂志封面[46]。该芯片采用 28 nm 工艺，面积为 14.44 mm^2，包含 156 个神经计算核，创造性地支持由传统人工神经元和高能效脉冲神经元构成的异构大型神经网络，并用于构建自行车自动驾驶等高端智能系统。2022 年，清华大学与加利福尼亚大学圣巴巴拉分校联合研发的 28 nm 神经形态芯片 H2Learn，芯片面积为 110.46 mm^2，功耗为 20.57 W，支持基于时间反向传播（back propagation through time，BPTT）的片上高识别率 SNN 学习，但需消耗大量片内外存储资源[47]。2024 年 7 月，北京大学黄如院士、王源教授团队发布了一款 SNN/ANN 混合智能芯片 PAICORE[48]，芯片采用 28nm 工艺流片制造，芯片面积为 537.98 mm^2，运行功耗范围为 0.01～9.97W。

为了满足对系统能耗、成本、体积和实时性有严格限制的物端应用场景，研究者们又提出了许多小型化专用型神经形态处理器芯片。其中，最具有代表性的包括鲁汶大学在 2018 年研制的内核（有源区）面积仅有 0.086 mm^2 且支持脉冲驱动突触可塑性（spike-driven synaptic plasticity，SDSP）片上学习的数字神经形态芯片 ODIN[49]、其同年研制的内核区域面积仅为 2.86 mm^2 并支持 SDSP 片上学习的 MorphIC[50]、2020 年报道的专为一个小型脉冲卷积神经网络结构（含 1 卷积层和 2 全连接层）定制设计的内核区域仅有 0.32 mm^2 的 SPOON 芯片[51] 及最新研发的面积为 0.87 mm^2 且可实现称为资格传播（e-prop）片上学习规则的 ReckOn 芯片[52]。Intel 公司于 2019 年报道了基于先进 10 nm FinFET 互补金属氧化物半导体（complementary metal oxide semiconductor，CMOS）工艺的数字神经形态芯片，在 1.72 mm^2 的面积上集成了 64 个神经计算核，能够运行 4096 个神经元及约 100 万突触单元，并基于 STDP 学习规则实现了输出层的片上学习[53]。2021 年初，电子科技大学周军教授团队发布了一款支持 STDP 片上学习的神经形态处理器，包含 12 个可重构计算核，支持自适应时钟或事件驱动模式[54]。北京大学王源教授等人在 2023 年报道了一款面积为 6.22 mm^2 的数字神经形态芯片，芯片采用 28 nm 工艺流片制造，包含 16 个处理核，共支持运行 2048 个神经元与 200 万突触单元[55]。清华大学陈虹教授团队于 2023 年和 2024 年先后发布了基于先进异步电路的 28 nm ANP-G[56]和 ANP-I[57]神经形态处理器，可片上运行有监督的 STDP 和稀疏目标传播（sparse target propagation，S-TP）片上学习规则，分别实现了高精度气体分类和手势识别等应用。台湾清华大学研究团队于 2023 年报道了一款采用 40 nm 工艺制造，片上实现时空域反向传播（spatiotemporal back-propagation，STBP）学习规则的神经形态处理器[58]，通过在系统板上集成 4×5 芯片阵列，实现了高精度片上学习。

目前，面对物端场景中的各种复杂认知任务，如视觉图像分类、人脸识别等，迫切需要研究并提出计算复杂度低、处理速度快且适用于神经形态处理器实现的 SNN 学习规则，以及相应的成本低、面积小且支持片上实时深度学习的处理器芯片架构及电路设计。但目前已有的 SNN 模型算法或存在识别率低，或存在计算复杂度高、计算开销大等问题，难以同时实现实时且高精度的片上学习。此外，支持映射大规模深度 SNN 神经形态处理器的研究大多关注 SNN 结构配置的灵活性，以支持各神经元之间的任意连接关系，这种实现方案使芯片通常具备优秀的片内和片间可扩展性，但代价是芯片面积较大且芯片功耗较高；而目前的小型专用神经形态处理器的芯片架构和电路通常针对特定任务（如视觉识别等）进行高度定制设计和优化，但系统可扩展性和配置灵活性低，并且芯片缺乏片上深度学习能力，能达到的识别率较为有限，故限制了芯片的应用范围。针对上述关键研究瓶颈，本书根据作者近年的研究经验，在后续章节介绍了几种轻量级 SNN 模型算法案例及其相应的低延迟、高精度、高能效片上学习能力的神经形态处理器芯片，并尝试阐述一种 SNN 模型算法与神经形态处理器协同设计的新范式。

参 考 文 献

[1]　袁璐. 开启创新发展新时代：人工智能 2023 年总结与 2024 年展望[J]. 中国电信业，2024(2): 32-36.

[2]　栾晓曦，赵易凡. 全球数据量井喷但存储量只占 2%[EB/OL].（2023-03-15）[2024-09-02]. https://www.iii. tsinghua.edu.cn/info/1131/3346.htm.

[3]　Turing A M. Computing Machinery and Intelligence[J]. Mind，1950，59（236）：433-460.

[4]　Nayak B S，Walton N. Political Economy of Artificial Intelligence[M]. Berlin：Springer，2024.

[5]　McCulloch W S，Pitts W. A logical calculus of the ideas immanent in nervous activity[J]. Bulletin of Mathematical Biology，1990，52（1/2）：99-115.

[6]　Rosenblatt F. The perceptron：A probabilistic model for information storage and organization in the brain[J]. Psychological Review，1958，65（6）：386-408.

[7] Rumelhart D E，Hinton G E，Williams R J. Learning representations by back-propagating errors[J]. Nature，1986，323（6088）：533-536.

[8] Le Cun Y，Bottou L，Bengio Y，et al. Gradient-based learning applied to document recognition[J]. Proceedings of the IEEE，1998，86（11）：2278-2324.

[9] Hinton G E，Osindero S，Teh Y W. A fast learning algorithm for deep belief nets[J]. Neural Computation，2006，18（7）：1527-1554.

[10] Krizhevsky A，Sutskever I，Hinton G E. ImageNet classification with deep convolutional neural networks[J]. Communications of the ACM，2017，60（6）：84-90.

[11] He K M，Zhang X Y，Ren S Q，et al. Deep residual learning for image recognition[C]//2016 IEEE Conference on Computer Vision and Pattern Recognition（CVPR）. Las Vegas，NV，USA：IEEE，2016：770-778.

[12] Kaswan K S，Dhatterwal J S，Batra R，et al. ChatGPT：A comprehensive review of a large language model[C]//2023 International Conference on Communication，Security and Artificial Intelligence（ICCSAI）. Greater Noida，India：IEEE. 2023：738-743.

[13] The International Energy Agency World Energy Outlook 2023[EB/OL]. [2023-10-24]. https://iea.blob.core.windows.net/assets/86ede39e-4436-42d7-ba2a-edf61467e070/WorldEnergyOutlook2023.pdf

[14] Shi W S，Cao J，Zhang Q，et al. Edge computing：Vision and challenges[J]. IEEE Internet of Things Journal，2016，3（5）：637-646.

[15] Sze V，Chen Y H，Yang T J，et al. Efficient processing of deep neural networks：A tutorial and survey[J]. Proceedings of the IEEE，2017，105（12）：2295-2329.

[16] Koch C. Methods in Neuronal Modeling：From Ions to Networks[M]. 2nd ed. Cambridge，Mass：MIT Press，1998.

[17] Song S，Miller K D，Abbott L F. Competitive hebbian learning through spike-timing-dependent synaptic plasticity[J]. Nature Neuroscience，2000，3（9）：919-926.

[18] Yu Q，Tang H J，Tan K C，et al. Rapid feedforward computation by temporal encoding and learning with spiking neurons[J]. IEEE Transactions on Neural Networks and Learning Systems，2013，24（10）：1539-1552.

[19] Zhao B，Ding R X，Chen S S，et al. Feedforward categorization on AER motion events using cortex-like features in a spiking neural network[J]. IEEE Transactions on Neural Networks and Learning Systems，2015，26（9）：1963-1978.

[20] Liu D Q，Yue S G. Fast unsupervised learning for visual pattern recognition using spike timing dependent plasticity[J]. Neurocomputing，2017，249：212-224.

[21] Xu Q，Qi Y，Yu H，et al. CSNN：An augmented spiking based framework with perceptron-inception[C]//Proceedings of the Twenty-Seventh International Joint Conference on Artificial Intelligence. Stockholm，Sweden：International Joint Conferences on Artificial Intelligence Organization，2018：1646-1652.

[22] Mozafari M，Kheradpisheh S R，Masquelier T，et al. First-spike-based visual categorization using reward-modulated STDP[J]. IEEE Transactions on Neural Networks & Learning Systems，2018，29（12）：6178-6190.

[23] Pérez-Carrasco J A，Zhao B，Serrano C，et al. Mapping from frame-driven to frame-free event-driven vision systems by low-rate rate coding and coincidence processing：Application to feedforward ConvNets[J]. IEEE Transactions on Pattern Analysis and Machine Intelligence，2013，35（11）：2706-2719.

[24] Yang X，Zhang Z X，Zhu W P，et al. Deterministic conversion rule for CNNs to efficient spiking convolutional neural networks[J]. Science China-Information Sciences，2020，63（2）：122402.

[25] Diehl P U，Neil D，Binas J，et al. Fast-classifying，high-accuracy spiking deep networks through weight and threshold balancing[C]//2015 International Joint Conference on Neural Networks（IJCNN）. Killarney，Ireland：

IEEE，2015：1-8.

[26]　Rueckauer B，Lungu I A，Hu Y H，et al. Conversion of continuous-valued deep networks to efficient event-driven networks for image classification[J]. Frontiers in Neuroscience，2017，11：682.

[27]　Srinivasan G，Roy K. ReStoCNet：Residual stochastic binary convolutional spiking neural network for memory-efficient neuromorphic computing[J]. Frontiers in Neuroscience，2019，13：189.

[28]　Lee C，Srinivasan G，Panda P，et al. Deep spiking convolutional neural network trained with unsupervised spike-timing-dependent plasticity[J]. IEEE Transactions on Cognitive and Developmental Systems，2019，11（3）：384-394.

[29]　Kheradpisheh S R，Ganjtabesh M，Thorpe S J，et al. STDP-based Spiking deep convolutional neural networks for object recognition[J]. Neural Networks the Official Journal of the International Neural Network Society，2018，99：56-67.

[30]　Wu Y J，Deng L，Li G Q，et al. Spatio-temporal backpropagation for training high-performance spiking neural networks[J]. Frontiers in Neuroscience，2018，12：331.

[31]　Zhang W. Li P. Spike-train level backpropagation for training deep recurrent spiking neural networks[C]// Proceedings of the 33rd International Conference on Neural Information Processing Systems（NeurIPS 2019）. Vancouver，Canada，2019.

[32]　Wunderlich T C，Pehle C. Event-based backpropagation can compute exact gradients for spiking neural networks[J]. Scientific Reports，2021，11（1）：12829.

[33]　Mostafa H. Supervised learning based on temporal coding in spiking neural networks[J]. IEEE Transactions on Neural Networks and Learning Systems，2018，29（7）：3227-3235.

[34]　Tavanaei A，Maida A. BP-STDP：Approximating backpropagation using spike timing dependent plasticity[J]. Neurocomputing，2019，330（22）：39-47.

[35]　Benjamin B V，Gao P R，McQuinn E，et al. Neurogrid：A mixed-analog-digital multichip system for large-scale neural simulations[J]. Proceedings of the IEEE，2014，102（5）：699-716.

[36]　Schemmel J，Brüderle D，Grübl A，et al. A wafer-scale neuromorphic hardware system for large-scale neural modeling[C]//2010 IEEE International Symposium on Circuits and Systems（ISCAS）. Paris，France：IEEE，2010：1947-1950.

[37]　Painkras E，Plana L A，Garside J，et al. Spinnaker：A 1-W 18-Core system-on-chip for massively-parallel neural network simulation[J]. IEEE Journal of Solid-State Circuits，2013，48（8）：1943-1953.

[38]　Höppner S，Vogginger B，Yan Y X，et al. Dynamic power management for neuromorphic many-core systems[J]. IEEE Transactions on Circuits and Systems I：Regular Papers，2019，66（8）：2973-2986.

[39]　Hoeppner S，Mayr C. Spinnaker2：Towards extremely efficient digital neuromorphics and multi-scale brain emulation[C]//Proceeding of the 2018 Neuro Inspired Computational Elements Conference（NICE），Oregon，United States，2018.

[40]　Akopyan F，Sawada J，Cassidy A，et al. TrueNorth：Design and tool flow of a 65mW 1 million neuron programmable neurosynaptic chip[J]. IEEE Transactions on Computer-Aided Design of Integrated Circuits and Systems，2015，34（10）：1537-1557.

[41]　Davies M，Srinivasa N，Lin T H，et al. Loihi：A neuromorphic manycore processor with on-chip learning[J]. IEEE Micro，2018，38（1）：82-99.

[42]　Orchard G，Frady E P，Ben Dayan Rubin D，et al. Efficient neuromorphic signal processing with loihi 2[C]//2021 IEEE Workshop on Signal Processing Systems（SiPS）. Coimbra，Portugal：IEEE. 2021：254-259.

[43] Ma D，Shen J C，Gu Z H，et al. Darwin：A neuromorphic hardware co-processor based on spiking neural networks[J]. Journal of Systems Architecture，2017，77（2）：43-51.

[44] 朱涵. 类脑芯片"达尔文2"在杭州发布[EB/OL].（2019-08-26）[2024-09-02]. https://baijiahao.baidu.com/s?id= 1642921747221799281&wfr=spider&for=pc.

[45] Ma D，Jin X F，Sun S C，et al. Darwin3：A large-scale neuromorphic chip with a novel ISA and on-chip learning[J]. National Science Review，2024，11（5）：nwae102.

[46] Pei J，Deng L，Song S，et al. Towards artificial general intelligence with hybrid tianjic chip architecture[J]. Nature，2019，572（7767）：106-111.

[47] Liang L，Qu Z，Chen Z D，et al. H2learn：High-efficiency learning accelerator for high-accuracy spiking neural networks[J]. IEEE Transactions on Computer-Aided Design of Integrated Circuits and Systems，2022，41（11）：4782-4796.

[48] Zhong Y，Kuang Y S，Liu K F，et al. PAICORE：A 1.9-million-neuron 5.181-tsops/w digital neuromorphic processor with unified SNN-ANN and on-chip learning paradigm[J]. IEEE Journal of Solid-State Circuits，2025，60（2）：651-671.

[49] Frenkel C，Lefebvre M，Legat J D，et al. A 0.086-mm^2 12.7-pJ/SOP 64k-synapse 256-Neuron online-learning digital spiking neuromorphic processor in 28-nm CMOS[J]. IEEE Transactions on Biomedical Circuits and Systems，2019，13（1）：145-158.

[50] Frenkel C，Legat J D，Bol D. MorphIC：A 65-nm 738k-synapse/mm^2 quad-core binary-weight digital neuromorphic processor with stochastic spike-driven online learning[J]. IEEE Transactions on Biomedical Circuits and Systems，2019，13（5）：999-1010.

[51] Frenkel C，Legat J D，Bol D. A 28-nm convolutional neuromorphic processor enabling online learning with spike-based retinas[C]//2020 IEEE International Symposium on Circuits and Systems（ISCAS）. Seville，Spain：IEEE，2020：1-5.

[52] Frenkel C，Indiveri G. ReckOn：A 28nm sub-mm^2 task-agnostic spiking recurrent neural network processor enabling on-chip learning over second-long timescales[C]//2022 IEEE International Solid-State Circuits Conference（ISSCC）. San Francisco，CA，USA，2022.

[53] Chen G K，Kumar R，Sumbul H E，et al. A 4096-Neuron 1M-Synapse 3.8-pJ/SOP spiking neural network with on-chip STDP learning and sparse weights in 10-nm FinFET CMOS[J]. IEEE Journal of Solid-State Circuits，2019，54（4）：992-1002.

[54] Li S X，Zhang Z M，Mao P X，et al. A fast and energy-efficient SNN processor with adaptive clock/event-driven computation scheme and online learning[J]. IEEE Transactions on Circuits and Systems I：Regular Papers，2021，68（4）：1543-1552.

[55] Zhong Y，Wang Z L，Cui X X，et al. An efficient neuromorphic implementation of temporal coding-based on-chip STDP learning[J]. IEEE Transactions on Circuits and Systems II：Express Briefs，2023，70（11）：4241-4245.

[56] Huo D X，Zhang J L，Dai X Y，et al. ANP-G：A 28nm 1.04 pJ/SOP sub-mm^2 spiking and back-propagation hybrid neural network asynchronous olfactory processor enabling few-shot class-incremental on-chip learning[C]//2023 IEEE Symposium on VLSI Technology and Circuits（VLSI Technology and Circuits）. Kyoto，Japan：IEEE，2023：1-2.

[57] Zhang J L，Huo D X，Zhang J，et al. 22.6 ANP-I：A 28nm 1.5pJ/SOP asynchronous spiking neural network processor enabling sub-0.1μJ/sample on-chip learning for edge-AI applications[C]//2023 IEEE International

Solid-State Circuits Conference（ISSCC）. San Francisco，CA，USA：IEEE，2023：21-23.

[58] Tan P Y，Wu C W. A 40-nm 1.89-pJ/SOP scalable convolutional spiking neural network learning core with on-chip spatiotemporal back-propagation[J]. IEEE Transactions on Very Large Scale Integration（VLSI）Systems，2023，31（12）：1994-2007.

第 2 章　脉冲神经网络模型及学习规则基础

在介绍 SNN 模型算法和神经形态处理器的具体案例前,本章首先介绍与 SNN 模型及学习规则相关的基础知识。由于 SNN 的基本组成单元是脉冲神经元,因此本章首先从脉冲神经元入手,向读者介绍如何基于生物神经元启发构建不同的脉冲神经元模型,以及不同神经元模型的区别和应用。本章详细介绍 LIF 神经元模型、IF 神经元模型和 Izhikevich 神经元模型的动态机制、信息处理方式和脉冲传递方式,分析每种神经元模型的优缺点,并讨论在神经形态处理器设计中如何选择合适的神经元模型。然后,介绍 SNN 中的典型网络结构,包括前向连接和层间抑制结构,以及常用的仿生学习规则——STDP 和 Tempotron 学习规则,并介绍在实际硬件实现时如何对学习规则进行优化,减少计算和存储资源开销。最后,介绍 SNN 中常用的输入脉冲编码和输出脉冲解码方法,以及评估 SNN 和神经形态处理器性能的几种常用基准数据集。

2.1　经典脉冲神经元模型

2.1.1　泄漏积分点火神经元模型

泄漏积分点火(LIF)神经元模型[1]是在 SNN 相关领域中使用最广泛的一种神经元模型。LIF 神经元模型将神经元视为一个带泄漏项的积分器。LIF 神经元将输入的突触前脉冲通过对应的突触加权后累加到膜电位上,每当神经元膜电位达到阈值,神经元就发射一个突触后脉冲,并立即对膜电位进行复位。图 2.1 展示了一个 LIF 神经元模型及其膜电位随时间变化的过程。

LIF 神经元模型原理简单,并且在类脑仿生性和计算效率之间达到了较好的平衡,计算成本低,适用于硬件实现,因此在各类脉冲神经网络中被广泛采用。LIF 神经元模型的动态特性可描述为

$$\tau_m \dot{V}(t) = -(V(t) - V_{rest}) + I(t) \tag{2.1}$$

式中,$V(t)$ 为神经元在 t 时刻的膜电位;τ_m 为泄漏时间常数;V_{rest} 为复位静息电位,一般取 0;$I(t)$ 为神经元树突电流,当神经元接收到输入脉冲时,脉冲信号通过突触权重加权得到 $I(t)$,然后再叠加到神经元膜电位上。在本书中,用 $\dot{x}$ 表示

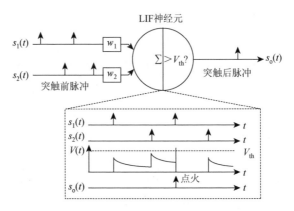

图 2.1　LIF 神经元模型示意图[2]

含时变量 x 对时间 t 的（偏）导数。为了便于在数字神经形态处理器中进行运算，通常采用如下近似等价的离散时间域迭代计算形式（设定 $V_{rest} = 0$）：

$$V(t) = V(t-1)\exp\left(-\frac{1}{\tau_m}\right) + \sum_i w_i s_i(t) \approx V(t-1)\left(1 - \frac{1}{\tau_m}\right) + \sum_i w_i s_i(t) \quad （2.2）$$

式中，$t = 1, 2, 3, \cdots, T$ 为离散时间步；w_i 为该神经元突触 i 的权重值；$s_i(t)$ 为对应的突触前脉冲序列；当 t 时刻在突触 i 上有脉冲到来时，$s_i(t) = 1$，否则 $s_i(t) = 0$。如图 2.1 所示，当膜电位 $V(t)$ 超过预先设定阈值 V_{th} 时，该神经元将发射一个突触后脉冲 $s_o(t) = 1$，并将膜电位复位到 $V_{rest} = 0$。

　　如式（2.2）所示，每个时间步的膜电位 $V(t)$ 等于上一个时间步膜电位 $V(t-1)$ 泄漏后的值再加上每个突触前脉冲对应的突触权重值。此外，为了进一步提升硬件系统的运行速度，还可以将式（2.2）等价变化为基于事件驱动方式实现：

$$V(t) = V(t_{pre})\exp\left(-\frac{t - t_{pre}}{\tau_m}\right) + w_i \quad （2.3）$$

上式表达的含义为：当神经元在 t 时刻，突触 i 上接收到一个突触前脉冲时，此时膜电位 $V(t)$ 应等于上一个突触前脉冲时刻 $t_{pre} \leq t$ 对应的膜电位 $V(t_{pre})$ 按照 $\Delta t = t - t_{pre}$ 的流逝时间指数衰减后，再加上当前接收脉冲对应的突触权重 w_i。相较于式（2.2），式（2.3）不需要在每个时间步都对膜电位进行计算和更新，只需要在脉冲事件到来时才更新一次膜电位，大幅减少了计算开销和延迟。

　　若将泄漏时间常数 τ_m 设为无穷大，则 LIF 神经元退化为无泄漏的积分点火（integrate-and-fire，IF）模型，此时式（2.2）和式（2.3）中的指数项全部为 1，不再需要进行指数或乘法运算完成泄漏操作，因此 IF 神经元的硬件实现开销最低，但其时域特征捕获提取能力也最弱。图 2.2 展示了 IF 神经元模型及其膜电位的变化过程。

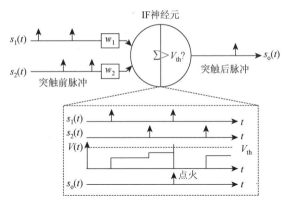

图 2.2　IF 神经元模型示意图[2]

2.1.2　Izhikevich 神经元模型

虽然 LIF/IF 神经元模型的计算效率高，但功能较为单一，无法模拟真实生物神经元具备的丰富放电模式。一种更复杂的以模拟生物神经元丰富放电行为的高度仿生神经元模型——Izhikevich 神经元模型[3]的公式描述如下：

$$\dot{V}(t) = 0.04V^2(t) + 5V(t) + 140 - u(t) + I(t) \tag{2.4}$$

$$\dot{u}(t) = a[bV(t) - u(t)] \tag{2.5}$$

式中，$u(t)$ 为用于调节膜电位的恢复变量；a 和 b 都是可调节参数。在 Izhikevich 神经元模型中，膜电位阈值 V_{th} 被手动设置为 30mV，一旦膜电位高于该阈值，则发射脉冲，并复位 $V(t)$ 和 $u(t)$，如式（2.6）所示。

$$若 V(t) \geqslant 30 \text{ mV}，则 \begin{cases} V(t) \leftarrow c \\ u(t) \leftarrow u(t) + d \end{cases} \tag{2.6}$$

式中，c 和 d 同样是可调节的配置参数。根据不同的参数配置，Izhikevich 神经元可以再现生物神经元丰富的放电行为，包括常规脉冲（regular spiking，RS）、内在突发（intrinsically bursting，IB）、颤振（chatter）、快速脉冲（fast spiking，FS）、丘脑皮层（thalamo-cortical，TC）、谐振（resonance）和低阈值脉冲（low-threshold spiking，LTS）等[3]。

2.1.3　神经元模型的选择

以上介绍了几种脉冲神经网络中经典的神经元模型。其中，LIF 神经元模型将神经元视为一个泄漏积分器，其计算原理简单，在仿生性和计算效率之间提供了一个很好的权衡，计算成本低，适用于硬件实现，因此在神经形态计算领域被广泛采用；而 Izhikevich 神经元模型则参考了生物神经元的运行机制，是一种简单且可以模拟生物神经元脉冲放电、膜电位阈值变化、静息/脉冲状态等丰富行为的神经元模型，但 Izhikevich 神经元模型通常聚焦于模拟生物神经元的放电行为，在面向硬件实现的 SNN 中较少采用。

此外，由于 LIF/IF 神经元模型可以基于事件驱动方式实现，即仅当突触前脉冲到达时神经元才执行相关计算，因此在硬件系统中，只有当脉冲事件数据包到达神经元计算模块时才运行相应电路并进行计算，当没有脉冲到来时神经元计算模块一直保持低功耗休眠状态。相较于使用通用 CPU、GPU 实现 ANN 模型时所需的同步、密集矩阵运算，事件驱动的运算方式可以极大地降低计算成本和硬件功耗。

2.2　SNN 结构

2.2.1　前向连接

前向连接是 SNN 中常见的网络结构，以全连接（fully connected，FC）SNN 网络为例，前向连接中输入层、隐藏层和输出层中的神经元逐层连接，并通过稀疏的脉冲事件传递信息，当上一层的突触后（输出）脉冲传递到相邻的下一层，即可作为下一层神经元的突触前（输入）脉冲。其中，输入层通常不包含神经元的输入节点，仅负责传递输入脉冲，不涉及任何计算。前向 SNN 结构的各层间不存在其他形式的连接关系，如图 2.3 所示。

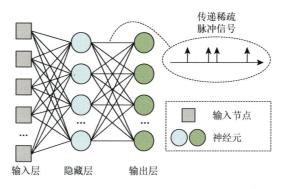

图 2.3　SNN 前向连接结构示意图

2.2.2　侧抑制连接

为了提升 SNN 的识别性能，还可以采用除前向连接外的连接方式，如 STDP

学习过程中常用的层间侧抑制。赢家通吃（winner-take-all，WTA）[4]是一种常见的侧抑制机制，这种机制使神经元之间发生竞争，只有获胜的神经元才能被激活，而其他神经元则被抑制。在 WTA 机制下，膜电位超过阈值且其值最大的神经元被视为获胜神经元，只有获胜神经元才能发射脉冲，而其他神经元的膜电位被获胜神经元抑制，从而被减小或清零。WTA 过程完成后，通常还会采用动态阈值机制限制获胜神经元脉冲的发射率，使网络中神经元脉冲的总体发射率相近。具体做法是每当神经元获胜后增大其膜电位阈值。通过上述侧抑制连接，可对网络性能进行如下几个方面的提升。

（1）增强特征的独立性：侧抑制有助于增强神经元对输入模式中局部特征的响应，使不同神经元可以学习不同的特征，从而增强特征的独立性，提升 SNN 整体识别率。

（2）增强特征的稀疏性：侧抑制引导神经元发生竞争，只有少数神经元可被激活并发射脉冲，而其他则被抑制。这种机制促使神经元能够更加稀疏地响应输入信号，从而提高了网络的计算效率。

（3）提高鲁棒性：侧抑制可以提高 SNN 的鲁棒性，使神经元对输入数据的微小变化不敏感，从而更好地适应输入数据的变化。

在 SNN 中，侧抑制连接通常又分为间接侧抑制和直接侧抑制，二者的区别在于是否配有专门的抑制神经元。图 2.4（a）和图 2.4（b）对比了间接侧抑制和直接侧抑制方法。图 2.4（a）的间接侧抑制方案需要为层内每个神经元额外配备一个抑制神经元，该抑制神经元的脉冲输出全连接到该层其他非抑制性神经元。与抑制神经元输入输出连接相关的所有突触权重为固定值，不参与学习更新，而且普通神经元连接到其相应抑制神经元的突触权重为正，抑制神经元连接到其他非抑制神经元的突触权重为负。采用这种抑制方式更有利于提升识别率，但运算复杂度较高，需消耗额外的存储资源，硬件实现效率较低。相反，图 2.4（b）的直

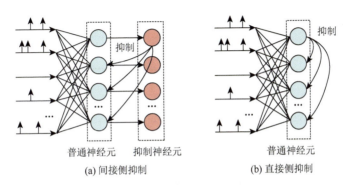

(a) 间接侧抑制　　　　　　　　　　　　(b) 直接侧抑制

图 2.4　SNN 层间侧抑制连接结构示意图

接侧抑制方案将竞争获胜神经元的输出脉冲通过固定的负权重值直接和其他神经元相连，起到了抑制作用，无须配备额外的抑制神经元，可有效简化侧抑制相关计算，节约存储资源消耗，更适用于硬件实现。

2.3 仿生学习规则

2.3.1 STDP 学习规则及实现方式

STDP 学习规则[5]是受生物神经元突触可塑性这一特性启发的经典无监督学习规则，全称为脉冲时间依赖可塑性学习规则，其指导突触连接长期增强（long-term potentiation，LTP）和长期抑制（long-term depression，LTD），从而实现神经元突触权重的学习更新。突触连接的 LTP 或 LTD 的行为取决于神经元之间的脉冲时间关系。简单来说，如果一个突触前神经元在突触后神经元之前发射脉冲，那么二者之间的突触连接强度会增强（LTP），即权重增加；相反，如果突触前神经元在突触后神经元之后发射脉冲，那么突触连接强度会减弱（LTD），即权重减小。最基本的指数型 STDP 学习规则可由式（2.7）进行表述：

$$\Delta w = \begin{cases} \lambda_+ \exp\left(-\dfrac{t_{\text{post}} - t_{\text{pre}}}{\tau_+}\right), & t_{\text{post}} \geqslant t_{\text{pre}} \\[3mm] -\lambda_- \exp\left(\dfrac{t_{\text{post}} - t_{\text{pre}}}{\tau_-}\right), & t_{\text{post}} < t_{\text{pre}} \end{cases} \tag{2.7}$$

式中，t_{pre} 和 t_{post} 分别为突触前和突触后脉冲发射时间；λ_+ 和 λ_- 分别为 LTP 和 LTD 下的学习速率；τ_+ 和 τ_- 为相应的学习窗口时间常数。令 $\Delta t = t_{\text{post}} - t_{\text{pre}}$，则指数项 $\exp(-\Delta t/\tau)$ 称为 STDP 学习规则的核函数。由式（2.7）可知，若突触前脉冲时间早于突触后脉冲时间，突触连接强度增加（LTP）；若突触前脉冲时间晚于突触后脉冲时间，则突触连接强度减弱（LTD）。图 2.5 更为直观地展示了 STDP 学习规则下权重更新量与突触前后脉冲时间差之间的函数关系。

一般而言，STDP 可基于两种配对模式[4]进行权重更新，如图 2.6 所示，分别如下所述。

（1）最近邻配对（nearest-pair）——STDP 权重更新只涉及最邻近的突触前-突触后脉冲对和突触后-突触前脉冲对。具体实现方式如下：当神经元接收到突触前脉冲，检索该时刻前最邻近的突触后脉冲时刻，计算 Δt 并触发 LTD 过程；当神经元发射突触后脉冲，检索该时刻前最邻近的突触前脉冲时刻，计算 Δt 并触发 LTP 过程。

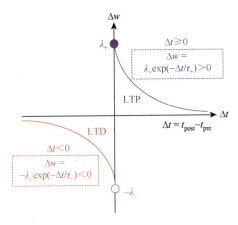

图 2.5　STDP 学习规则示意图[4]

（2）全局配对（all-pair）——STDP 权重更新涉及所有的突触前-突触后脉冲对和所有突触后-突触前脉冲对。具体实现方式如下：当神经元接收到突触前脉冲，检索该时刻前所有的突触后脉冲时刻，依次计算 Δt 并触发相应的 LTD 更新；当神经元发射突触后脉冲，检索该时刻前所有的突触前脉冲时刻，依次计算 Δt 并触发相应的 LTP 更新。

从图 2.6 可以看出，为了实现 STDP 权重更新，特别是在全局配对模式下，需要缓存大量突触前和突触后脉冲时刻信息，并代入 STDP 核函数进行计算和累加。然而，对生物神经元的研究表明，其并没有记忆保存每个突触脉冲的发射时刻，而是通过累积突触脉冲的历史影响来等价实现 STDP。具体而言，在实际实现 STDP 学习规则时，为了减少存储开销和计算延迟，通常利用脉冲轨迹（trace）机制来实现 STDP 算法[4]。例如，当某个时刻触发 STDP 学习（LTP 或 LTD）时，本来需要检索当前及之前所有突触前脉冲的具体发生时刻，并将其分别代入图 2.7 左侧的指数型 STDP 核函数进行计算后累加。但由于每个突触前脉冲对应 STDP 核函数的时间常数 τ 都相同，所以可以利用突触前脉冲 trace 在线计算累加后的 STDP 核函数，如图 2.7 中间和下侧图所示。在下图中，trace 初始化为 0，当到来一个突触前脉冲，trace 值加 1，并持续按指数衰减，时间常数为 τ。注意在事件驱动的计算机制下，只有当输入脉冲到来时，trace 才完成上个脉冲之后需要的衰减并增加 1。当 STDP 学习触发、需计算权重更新量 Δw 时，可直接将图 2.6 中的累加核函数项替换为当前 trace 值，而不再将突触前脉冲时刻逐一存储并代入 STDP 核函数进行累加计算。类似地，可以在线计算突触后脉冲 trace，并在需要时用其替换累加核函数项。因此，只需要为突触前和突触后脉冲序列分别配置一个 trace 变量，在每个突触前/突触后脉冲到来时更新相应 trace 即可。这样就可以避免存储大量的脉冲时刻值。对 trace 的具体使用和硬件实现见第 4 章。

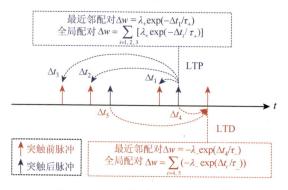

图 2.6　STDP 中的脉冲配对模式[4]

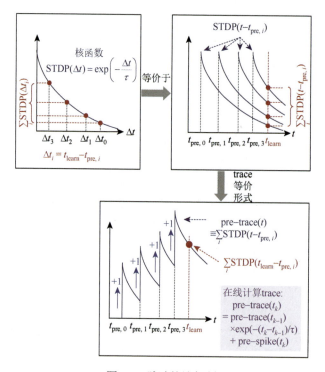

图 2.7　脉冲轨迹机制

其中，$t_{pre,i}$ 为该突触接收到第 i 个突触前脉冲（pre-spike）的时刻；t_{learn} 为触发 LTP 或 LTD 更新的时刻；t_k 为第 k 次 trace 更新的时刻，这些时刻包括所有突触前脉冲到来的时刻及学习触发的时刻

2.3.2　三因子 STDP

上述 STDP 学习规则仅涉及突触前和突触后脉冲的活动情况，缺乏类似 BP

算法的全局指导信号，属于无监督学习，难以达到较高的识别率。生物学和脑神经科学研究发现，大脑可以通过神经调制因子来传递有关创造性或奖励的信息，从而对神经突触何时创建新记忆及如何应对输入感官刺激产生全局指导作用[6]。例如，当品尝到喜爱的食物时，大脑会释放多巴胺奖励信号，使人感到愉悦和满足，从而强化继续吃这类食物的行为和动机。受此启发，为了提升 STDP 的学习能力，研究者抽象出了三因子 STDP 学习规则。三因子 STDP 不仅包含突触前和突触后脉冲的活动关系，还包含神经调制因子的影响。三因子 STDP 可由下列公式进行表述：

$$\Delta w = \lambda \times M_S \times \text{STDP(pre, post)} \tag{2.8}$$

式中，λ 为学习速率；M_S 为调制因子[6]。若将其设定为常量 1，则三因子 STDP 退化为前述无监督 STDP；若要实现有监督 STDP 学习，可将调制因子设定为该神经元的误差信号，该信号可以通过类似 BP 的机制由 SNN 输出层进行误差反传得到；若要实现强化学习（reinforcement learning，RL）STDP，则可将调制因子设定为奖惩信号从而实现奖励调制的脉冲时间依赖可塑性（reward-modulated STDP，R-STDP）学习规则[4]。在无监督 STDP 学习规则的基础上，R-STDP 中的权重变化方向还受外部奖励或惩罚信号的调制，进而形成一种启发式机制，在与外部环境交互时可以根据奖励或惩罚信号快速自主地学习，以实现最佳行为策略，从而大幅提升算法学习性能。式（2.8）中的 STDP() 为指数形式的核函数，参数 pre 和 post 分别表示和突触前、突触后神经元脉冲序列相关的某个量（如各脉冲发射时间、总脉冲个数、是否发射过脉冲等）。

2.3.3　Tempotron 学习规则及实现方式

如 2.3.1 小节所述，STDP 学习规则根据神经元突触前和突触后脉冲的时间关系改变了突触权重，不依赖于训练时输入的类别标签，是一种无监督学习规则。本小节将介绍一种同样经典的有监督学习规则——Tempotron 学习规则[7]。Tempotron 学习规则在训练过程中除使用精确的脉冲时间关系外，还使用训练样本标签来调整突触权重。实验表明，Tempotron 学习规则对复杂的脉冲序列模式具有更强的学习能力[7]。

Tempotron 学习规则通过调整突触权重，神经元可以正确决定是否基于当前输入脉冲序列发射脉冲信号。该算法预先为每个神经元分配一个类别标签，当一个已知类别标签的训练样本输入时，对于样本目标神经元（即与训练样本类别标签相同的神经元），若它没有发射任何脉冲，则其接收突触前脉冲的突触权重值将增加。相反，对于非目标神经元，若其发射了脉冲，则相应的突触权重值将减小。Tempotron 算法的具体推导过程如下。对于每个输入样本，神经元误差定义为

$$e = p(V_{th} - V_{max}) \tag{2.9}$$

式中，V_{th} 为神经元点火发射的阈值；V_{max} 为在整个训练样本时间窗口中神经元膜电位 $V(t)$ 达到的最大值；p 为三值输出误差极性。若神经元标签与类别标签相同但没有发射任何脉冲，则 $p = 1$；相反，若神经元标签与类别标签不同但却错误地发射了脉冲，则 $p = -1$；其他情况下，$p = 0$。由误差梯度下降原理，可以推导出每个神经元突触权重的更新规则为[7]

$$\Delta w_i = -\lambda \frac{\partial e}{\partial w_i} = -\lambda \frac{\partial (p(V_{th} - V_{max}))}{\partial w_i}$$

$$= \lambda p \frac{\partial V_{max}}{\partial w_i} = \lambda p \sum_{t_i < t_{max}} \exp\left(-\frac{t_{max} - t_i}{\tau_m}\right) \tag{2.10}$$

式中，λ 为学习速率；t_{max} 为 $V(t)$ 达到其最大值 V_{max} 对应的时刻；t_i 为突触 i 上各个脉冲到来的时刻。由式（2.10）可知，t_{max} 之前出现的所有突触脉冲都会对突触权重的更新产生影响。Tempotron 学习规则示意图如图 2.8 所示。

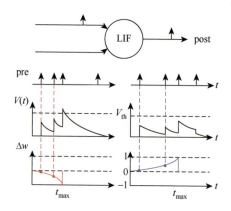

图 2.8　Tempotron 学习规则示意图[2]

由式（2.10）可知，Tempotron 学习规则同样包含大量具有相同泄漏时间常数的指数项求和运算，所以也可以采用 2.3.1 小节介绍的脉冲轨迹优化技术对突触权重进行更新，以节约存储资源和计算开销。注意，此时 trace 的衰减时间常数必须为膜电位泄漏时间常数。对神经元的突触 i，可以定义其突触前脉冲轨迹为

$$P_i(t) = \sum_{t_i < t} \exp\left(-\frac{t - t_i}{\tau_m}\right) \tag{2.11}$$

其基于时间步迭代和基于事件驱动的更新方式分别为式（2.12）和式（2.13）：

$$P_i(t) = P_i(t-1) \exp\left(-\frac{1}{\tau_m}\right) + s_i(t) \tag{2.12}$$

$$P_i(t) = P_i(t_{\mathrm{pre},\,i})\exp\left(-\frac{t - t_{\mathrm{pre},\,i}}{\tau_{\mathrm{m}}}\right) + 1 \qquad (2.13)$$

式中，$s_i(t)$ 为通过突触 i 上的脉冲序列；$t_{\mathrm{pre},i}$ 为突触 i 的上一个脉冲时刻。对每个时间步 t，若膜电位 $V(t)$ 达到截至 t 时刻的最大值，则将追踪的 t_{max} 变量更新为 t，同时备份变量 $P_{\mathrm{max},\,i} = P_i(t)$，这是由于 Tempotron 学习规则只对 t_{max} 之前的脉冲所对应的突触权重进行更新，但在样本时间窗口结束前无法确定 t_{max} 的具体时刻，因此需要采用这种在线更新备份的方式对 t_{max} 和 $P_{\mathrm{max},\,i}$ 进行追踪。当样本时间窗口结束后，基于脉冲 trace 的 Tempotron 学习规则表述为

$$\Delta w_i = \lambda p P_{\mathrm{max},\,i} \qquad (2.14)$$

值得注意的是，本节介绍的 Tempotron 学习规则仅适用于单层 SNN 结构，在面对更复杂的应用场景时具有一定的局限性。因此，为了提升算法性能，可以将 Tempotron 学习规则从单层扩展至多层，具体算法及相应实现的芯片电路介绍见第 6 章相关内容。

2.4　输入脉冲编码

由于 SNN 接收脉冲信号输入并产生脉冲输出，所以在处理非脉冲形式的输入数据时需要特定方法进行输入脉冲编码。常见的输入脉冲编码方法包括泊松速率编码[8]、脉冲间隔（inter-spike interval，ISI）[9]编码和首次脉冲时间（time-to-first-spike，TTFS）[10, 11]编码等。它们分别将每个输入值编码为泊松分布的脉冲序列、等间隔分布的脉冲序列和单个脉冲。下面将对这几种输入编码方法进行详细介绍。

2.4.1　泊松速率编码

泊松速率编码是 SNN 模型中应用最广泛的编码方法。该编码方法将每个连续的输入值编码为泊松分布的二值脉冲序列[8]，具体为：对于每个时间步，发射脉冲的概率与输入的变量值成正比。例如，对于 0~255 亮度范围的输入图像像素值，若设定归一化比例系数为 4，则编码后脉冲序列每个时间步的脉冲产生概率范围为 $(0/255)/4 \sim (255/255)/4 = 0 \sim 0.25$，也可以理解为编码后的脉冲序列频率范围为 0~0.25/时间步。泊松速率编码的原理如图 2.9 所示。

2.4.2　脉冲间隔编码

脉冲间隔编码将每个输入值转换为编码时间窗口内具有相等时间间隔的多脉

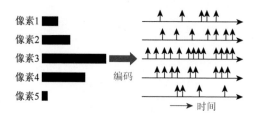

图 2.9　泊松速率编码示意图[2]

冲序列，输入值越大，每个脉冲间的时间间隔越短，相应的脉冲数也就越多。与 TTFS 编码和泊松速率编码方法相比，ISI 编码可以增加神经元之间突触通信的可靠性，在保持精确时间信息的同时也不会造成脉冲稀疏性的过度恶化，同时还可以提高对噪声的鲁棒性。ISI 编码原理如图 2.10 所示。

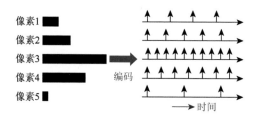

图 2.10　脉冲间隔编码示意图[2]

2.4.3　首次脉冲时间编码

首次脉冲时间编码将每个输入值转换为单个脉冲事件。TTFS 编码方法认为输入值越大，其携带的信息越重要，则对应发射脉冲的时间应该越早，如图 2.11 所示。

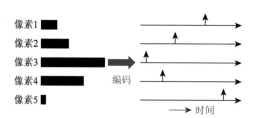

图 2.11　首次脉冲时间编码示意图[2]

2.4.4　动态视觉传感器物理编码

动态视觉传感器（dynamic vision sensor，DVS）[12]是一种最新研发的仿生传感器，它不同于传统基于帧的图像传感器，可以直接根据各传感像素位置所接收光强的明暗变化输出稀疏的脉冲序列，一旦某个像素上光强的相对变化超过预先设定的阈值，则该像素立即独立发射一个脉冲。相对于传统基于帧的图像传感器，DVS 具有传感速度快、能响应快速场景变化、输出信息冗余度最小的优势。

2.4.5　输入编码方法对比

我们对比了除直接使用 DVS 传感器外的其余三种输入脉冲编码方法。由于泊松速率编码方法需要较长的编码时间窗口来表达不同输入值的特征，并且每个输入值转换后的脉冲较多，这在一定程度上影响了 SNN 计算稀疏性的优势，虽然更多的脉冲具有更好的鲁棒性且可以更好地表示输入信息的特征，但 SNN 的计算效率也会相应下降。文献[8]的实验结果表明，在其他条件相同的情况下，对于训练和推理过程，泊松速率编码的处理延迟比 TTFS 编码高 4～7.5 倍，神经网络中每个突触操作（synaptic operation，SOP）消耗的能量比 TTFS 编码高 3.5～6.5 倍。

TTFS 编码方法简单高效，在最大程度保证脉冲稀疏性的同时，还能够精确地传递脉冲时间信息。然而，由于 TTFS 编码只允许每个输入值发射一个脉冲，其携带的信息对网络超参数选择和时间噪声干扰较为敏感。

ISI 编码实质上是粗粒度泊松速率编码和 TTFS 编码的混合，其所需的脉冲发射频率（由发出的脉冲数量反映）比传统的泊松速率编码要低得多（粒度更粗）。如果将两个相似的输入值转换为相同的脉冲发射频率，那么嵌入的精确脉冲延迟信息仍然可以区分它们。因此，ISI 编码方法既满足了脉冲稀疏性的要求，又满足了精确定时的要求。文献[8]的实验结果表明，ISI 编码在训练和推理过程中平衡了 SNN 的计算效率和整体鲁棒性。

纵观上述介绍的三种输入编码方法，TTFS 编码实现最为简单，尤其是可实现最大的输入脉冲稀疏度，是以极低的硬件开销实现最高计算能效的最佳选择；泊松速率编码通常可以带来比 TTFS 编码更好的输入特征表示，从而促使 SNN 获得更高的识别率，但对计算效率的牺牲较大，会带来较高的处理延迟和计算能耗；而 ISI 编码综合了 TTFS 编码和泊松速率编码的优缺点，在保持一定脉冲事件稀疏性的同时可以提升系统的整体鲁棒性。在实际神经形态处理器设计过程中可综合系统的设计约束及性能指标考虑选择最合适的编码方法。

2.5　输出脉冲解码

由于 SNN 的输出也是脉冲序列，因此针对分类问题，需要使用特定的解码规则来判定网络的最终分类结果。常用的输出脉冲解码方法包括对比发射脉冲时间先后和统计比较发射脉冲个数[3]。在对比发射脉冲时间先后的机制中，一般认为最早发射脉冲的输出神经元对应的类别为网络的输出类别；在统计比较发射脉冲个数的机制中，一般统计每个输出神经元发射脉冲的数量，发射脉冲个数最多的神经元对应的类别被确定为网络最终的输出类别。值得注意的是，上述提到的解码方法虽然计算效率高，但由于每个类别只对应一个输出神经元，所以精度易受噪声的影响。

进一步地，群体决策解码方法[14]为每个类别分配多个神经元，通过对比每个类别中所有输出神经元发射的脉冲数量，将发射脉冲个数最多的类别确定为最终分类结果。如果有两个或多个类别发射的脉冲个数相等，则输出类别被判定为未知或在其中进行随机猜测。群体决策策略通过配置更多的群体决策神经元，比非群体决策策略具有更强的可靠性和更高的识别率。

2.6 物端 SNN 模型评估常用基准数据集

图 2.12 展示了 7 种神经形态计算领域常用的基准数据集，通常用于验证 SNN 算法和神经形态处理器的性能。这些数据集包括由静态图像构成的手写字符数据集 MNIST、人脸数据集 ORL 和 Yale，以及由真实 3-D 彩色物体图像组成的数据集 ETH-80。在输入 SNN 网络前，这些数据集首先要通过 2.4 节提到的输入脉冲编码方法进行编码。基准数据集还包括由动态视觉传感器（DVS）直接生成的脉冲事件流的手写字符 N-MNIST 数据集、扑克牌 Poker-DVS 数据集和人体姿势 Posture-DVS 数据集，这些数据集直接由 DVS 生成的脉冲序列构成，无需额外的脉冲编码步骤。关于上述各数据集具体的组成、输入脉冲编码及其他预处理、后处理方法步骤等将在后续章节的实验部分进行详细说明。

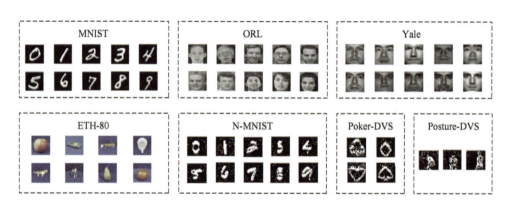

图 2.12　常用基准数据集[4]

参 考 文 献

[1]　Koch C，Segev I. Methods in Neuronal Modeling：From Ions to Networks[M]. 2nd ed. Cambridge，Massachusetts：MIT Press，1998.

[2]　王腾霄. 面向边缘端应用的脉冲神经网络算法与类脑芯片设计[D]. 重庆：重庆大学，2022.

[3]　Izhikevich E M. Simple model of spiking neurons[J]. IEEE Transactions on Neural Networks，2003，14（6）：1569-1572.

[4]　Wang H B，He Z，Wang T X，et al. TripleBrain：A compact neuromorphic hardware core with fast on-chip self-organizing and reinforcement spike-timing dependent plasticity[J]. IEEE Transactions on Biomedical Circuits and Systems，2022，16（4）：636-650.

[5]　Song S，Miller K D，Abbott L F. Competitive hebbian learning through spike-timing-dependent synaptic plasticity[J]. Nature Neuroscience，2000，3（9）：919-926.

[6]　Frémaux N，Gerstner W. Neuromodulated spike-timing-dependent plasticity，and theory of three-factor learning rules[J]. Frontiers in Neural Circuits，2016，9：85.

[7]　Gütig R，Sompolinsky H. The tempotron：A neuron that learns spike timing-based decisions[J]. Nature Neuroscience，2006，9（3）：420-428.

[8]　Guo W Z，Fouda M E，Eltawil A M，et al. Neural coding in spiking neural networks：A comparative study for robust neuromorphic systems[J]. Frontiers in Neuroscience，2021，15：638474.

[9]　Chen S S，Akselrod P，Zhao B，et al. Efficient feedforward categorization of objects and human postures with address-event image sensors[J]. IEEE Transactions on Pattern Analysis and Machine Intelligence，2012，34（2）：302-314.

[10]　Johansson R S，Birznieks I. First spikes in ensembles of human tactile afferents code complex spatial fingertip events[J]. Nature Neuroscience，2004，7（2）：170-177.

[11]　Park S，Kim S，Na B，et al. T2FSNN：Deep spiking neural networks with time-to-first-spike coding[C]//2020 57th ACM/IEEE Design Automation Conference（DAC）. San Francisco，CA，USA：IEEE，2020：1-6.

[12]　Leñero-Bardallo J A，Serrano-Gotarredona T，Linares-Barranco B. A 3.6 μs latency asynchronous frame-free event-driven dynamic-vision-sensor[J]. IEEE Journal of Solid-State Circuits，2011，46（6）：1443-1455.

[13]　Zhao B，Ding R X，Chen S S，et al. Feedforward categorization on AER motion events using cortex-like features in a spiking neural network[J]. IEEE Transactions on Neural Networks and Learning Systems，2015，26（9）：1963-1978.

[14]　Yu Q，Tang H J，Tan K C，et al. Rapid feedforward computation by temporal encoding and learning with spiking neurons[J]. IEEE Transactions on Neural Networks and Learning Systems，2013，24（10）：1539-1552.

第 3 章　脉冲极限学习机

从本章开始，后续的每一章将分别介绍一种轻量级 SNN 模型及其学习规则，以及对应的物端神经形态处理器架构设计，重点阐述物端神经形态处理器算法、架构和电路设计及其协同优化方法，为读者进一步研究物端神经计算新模型及神经形态处理器新架构开拓思路。

本章介绍一种轻量级神经形态处理器——脉冲极限学习机[1]。在模型算法层面，首先介绍脉冲极限学习机（extreme learning machine，ELM）模型的结构，它借鉴传统非脉冲极限学习机模型的核心思想，既充分发挥 SNN 的优势，又提升特征提取能力，并且无须人工手动设计精细的特征提取方案。为了训练该模型，本章提出一种三元 R-STDP 学习规则，可以实现较高的识别率，同时也适用于硬件实现。在处理器架构层面，结合提出模型算法的结构和特点，介绍处理器架构和内部关键电路模块设计。最后，基于现场可编程门阵列（field-programmable gate array，FPGA）实现处理器原型，展示相应性能指标，并与相关工作进行充分对比。

3.1　脉冲极限学习机模型

3.1.1　模型结构和特点

极限学习机模型，即 ELM[2-4]模型是一种单隐藏层的前馈神经网络，它的特点是随机初始化输入层到隐藏层之间的突触权重和偏置，并固定这些参数，只训练输出层到隐藏层之间的突触连接权重。这种机制不仅提升了对网络输入特征的提取能力，同时由于只需训练一层，减少了计算量和计算复杂度，并加快了神经网络的训练速度，十分适用于物端智能应用场景。

结合 ELM 模型的优势，本节介绍一种脉冲极限学习机模型，如图 3.1 所示。该模型由 2.1.1 小节介绍的 LIF 神经元构成，其网络结构是一个双层全连接（FC）SNN，其中输入节点到隐藏层的突触连接权重 W_{IH} 随机生成，并且在整个训练和推理过程中一直固定，而隐藏层到输出层的突触连接权重 W_{HO} 则采用一种三元 R-STDP 学习规则进行训练，3.1.2 小节将详细介绍该学习规则。在图 3.1 展示的模型中，隐藏层通过随机且固定的突触权重对输入脉冲序列进行特征提取和转换，并且该隐藏层突触权重还可以在线生成，无须片上存储（3.2.2 小节），这大幅降低了硬件存储资源开销，而输出层采用三元 R-STDP 学习规则训练输出层突触权重，不仅提升了分类识别率，也有利于神经形态处理器实现片上学习。

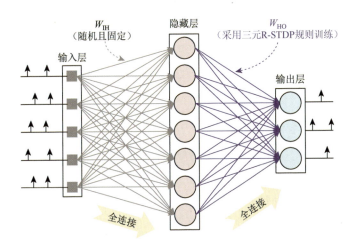

图 3.1　脉冲极限学习机模型示意图[1]

3.1.2　三元 R-STDP 学习规则

本小节介绍一种新型三因子 STDP 学习规则——三元 R-STDP 学习规则，其调制因子 M_S 为奖惩信号。不同于 2.3.1 小节介绍的二元最近邻配对，本小节算法采用一种三元配对方式，即有三个脉冲信号参与计算，包括一个突触前脉冲和两个突触后脉冲或两个突触前脉冲和一个突触后脉冲[5]。为了减少存储和计算资源开销，该算法采用时间步迭代的脉冲轨迹机制来实现。两个突触前脉冲 trace 的 $P1_i(t)$、$P2_i(t)$ 和两个突触后脉冲 trace 的 $Q1_j(t)$、$Q2_j(t)$ 的计算公式如下：

$$P1_i(t) = P1_i(t-1)\left(1 - \frac{1}{\tau_{1+}}\right) + s_i(t) \tag{3.1}$$

$$P2_i(t) = P2_i(t-1)\left(1 - \frac{1}{\tau_{2+}}\right) + s_i(t) \tag{3.2}$$

$$Q1_j(t) = Q1_j(t-1)\left(1 - \frac{1}{\tau_{1-}}\right) + s_j(t) \tag{3.3}$$

$$Q2_j(t) = Q2_j(t-1)\left(1 - \frac{1}{\tau_{2-}}\right) + s_j(t) \tag{3.4}$$

式中，（τ_{1+}，τ_{2+}）、（τ_{1-}，τ_{2-}）分别为两个突触前脉冲 trace 和两个突触后脉冲 trace 的衰减时间常数对；$s_i(t)$ 为突触前脉冲序列；$s_j(t)$ 为突触后脉冲序列，下标 i 和 j

分别表示突触前和突触后神经元索引（对脉冲 ELM 模型的输出层而言，即隐藏层和输出层神经元索引编号）。突触后神经元 j 的突触权重 w_{ij} 可以利用上述突触前/后脉冲 trace 和前述二值奖惩信号 R_j（将在下文详细介绍）进行更新。三元 R-STDP 学习规则具体如下。当任意突触前/后神经元发射脉冲时，权重值按如下规则更新：

$$\Delta w_{ij} = \begin{cases} -Q1_j(t)\left(\lambda_1^- + \lambda_2^- P2_i(t)\right), & \text{当突触前神经元 } i \text{ 发射脉冲且} R_j = 1 \\ Q1_j(t)\left(\lambda_3^- + \lambda_4^- P2_i(t)\right), & \text{当突触前神经元 } i \text{ 发射脉冲且} R_j = 0 \\ P1_i(t)\left(\lambda_1^+ + \lambda_2^+ Q2_j(t)\right), & \text{当突触后神经元 } j \text{ 发射脉冲且} R_j = 1 \\ -P1_i(t)\left(\lambda_3^+ + \lambda_4^+ Q2_j(t)\right), & \text{当突触后神经元 } j \text{ 发射脉冲且} R_j = 0 \end{cases} \quad (3.5)$$

式中，$\lambda_k^{\pm}(k=1,2,3,4)$ 为学习率；R_j 为二值奖惩信号。在训练过程中，根据当前样本的类别为每个输出神经元分配标签，如果输出神经元 j 的标签与当前训练样本的类别匹配，则 $R_j = 1$（奖励值），否则 $R_j = 0$（惩罚值）。

在每个时间步 t，trace 和突触权重按如下步骤更新。

（1）对突触前/后 trace 进行衰减操作，即式（3.1）～式（3.4）中乘以衰减项（$1-1/\tau$）的操作。

（2）若有任意突触前脉冲到来，则执行权重更新式（3.5）。

（3）更新突触前脉冲 trace，即式（3.1）～式（3.2）中的加 $s_i(t)$。

（4）若有任意突触后神经元发射脉冲，则执行权重更新公式（3.5）。

（5）更新突触后脉冲 trace，即式（3.3）～式（3.4）中的加 $s_j(t)$。

（6）如果有突触后神经元发射了脉冲，则将其阈值 V_{th} 增加 1，并将所有突触后神经元膜电位清零，以实现侧抑制。

上述学习训练过程完成后，使用群体决策解码方法确定最终分类结果，即对比各类别神经元发射的脉冲总个数，以发射脉冲数量最多的类别作为最终的分类结果。

图 3.2 对比了组合不同 SNN 模型结构和学习规则在 MNIST 和 Fashion-MNIST 数据集上的识别率。由图 3.2 的结果可以得出结论，与其他配置相比，基于三元

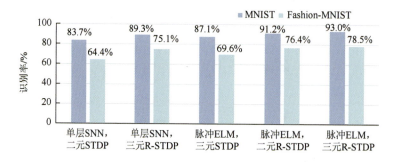

图 3.2　不同 SNN 模型与 STDP 算法组合后的识别率对比[1]

R-STDP 的脉冲 ELM 模型取得了最高的识别率，在 MNIST 和 Fashion-MNIST 数据集上的识别准确率分别达到了 93%和 78.5%。

3.2　脉冲极限学习机神经形态处理器设计

3.2.1　处理器架构及特点

图 3.3 显示了支持脉冲 ELM 模型和片上三元 R-STDP 学习的低成本神经形态处理器架构，主要包括一个隐藏层计算核和一个输出层计算核，分别用于映射脉冲 ELM 的隐藏层和输出层。隐藏层计算核由 M 个并行隐藏层计算单元组成，每个隐藏计算单元以时分复用方式执行多个隐藏层神经元的状态更新操作，通过控制器计算神经元索引，再基于索引生成存储器访问地址以获取当前正在处理的神经元信息，最后更新神经元状态信息并将其写回相应的数据存储器。处理器是时间步驱动的，对于每个时间步，依次将每个输入节点的脉冲以 1-bit 格式（1 表示

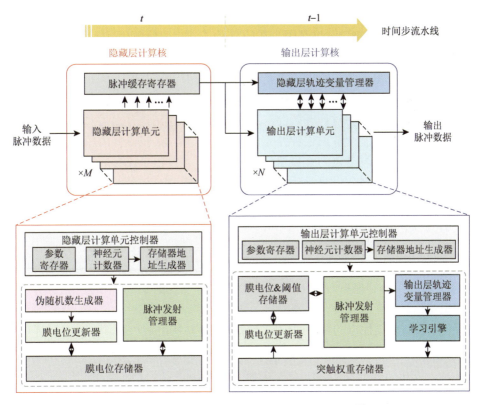

图 3.3　脉冲 ELM 神经形态处理器架构示意图[1]

有脉冲，0 表示无脉冲）发送到隐藏层计算核，隐藏层神经元发射的脉冲同样以 1-bit 格式保存在脉冲缓冲寄存器中，寄存器的每个地址对应一个隐藏层神经元，可以被输出层计算核直接访问。与隐藏层计算核类似，输出层计算核由 N 个并行的输出层计算单元组成，每个输出层计算单元以时分复用的方式完成多个输出层神经元的学习和推理操作，最终推理出的分类结果由输出层产生的脉冲数量确定。隐藏层计算核和输出层计算核之间基于时间步流水并行，提升了处理器的吞吐率。

该处理器架构具备良好的可扩展性和可配置性，可以根据不同的任务特点和需求，灵活配置各层支持的最大神经元数目、最大突触数目及计算单元数目，因此该处理器可以面向不同的应用场景并在处理速度、识别准确率和资源成本之间灵活权衡。

在每个隐藏层计算单元中，膜电位更新器根据式（2.2）更新 LIF 神经元的膜电位，脉冲发射管理器在膜电位超过阈值时发射突触后脉冲。伪随机数生成器在线生成具有固定数值的各个隐藏层突触权重，从而大幅降低了存储资源。同时，隐藏层权重采用 2-bit 三值精度，进一步节约了硬件资源。仿真结果表明，与采用通常的 16-bit 定点精度相比，2-bit 的三值隐藏层权重精度仅会造成轻微的识别率下降（对 MNIST 数据集而言从 93%下降至 92.5%，对 Fashion-MNIST 数据集而言从 78.5%下降至 78%）。这是因为在脉冲 ELM 中，隐藏层的作用只是随机对输入脉冲序列进行特征提取和转换，故权重精度的影响较小。

输出层计算单元中的膜电位更新器和脉冲发射管理器的工作原理与隐藏层计算单元中的相似，但隐藏层各神经元的阈值相同且固定，而输出层每个神经元的阈值变化不同。在学习过程开始前，所有输出层神经元具有相同的初始阈值。在学习过程中，每当某个输出层神经元发射一个脉冲，其阈值就增加 1，并将所有输出层神经元膜电位复位为 0 以进行侧抑制。学习过程完成后，维持所有输出层神经元阈值保持不变，以进行后续的推理分类。隐藏层和输出层计算核中的轨迹变量管理器执行式（3.1）～式（3.4），以完成相应的 trace 变量更新。输出层计算核中的学习引擎则基于式（3.5）进行突触权重更新。

图 3.4 展示了当网络结构固定时（本例为全连接 784-2048-100[①]），采用不同硬件并行度（即 M 和 N 的大小）的 MNIST 数据集片上学习帧率和硬件资源成本（主要是乘法器和存储资源）。从图中可以看出，使用更多并行的隐藏层计算单元和输出层计算单元可以提升处理器学习速率（帧率），但代价是消耗更多的乘法器和存储资源。值得注意的是，隐藏层计算单元没有使用乘法器，所以 M 并不影响乘法器数量。

----

① 其中，784 是输入节点数，不包含任何神经元；在本书后续章节中，除非特别说明，否则默认全连接 SNN 结构的第一个数字都是输入节点数。

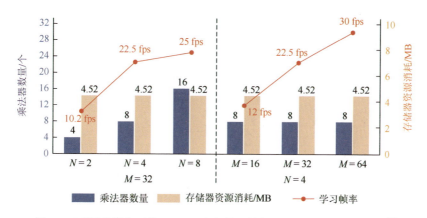

图 3.4　不同并行度下的 MNIST 片上学习帧率和处理器资源消耗对比[1]

3.2.2　关键模块电路设计

本小节详细介绍处理器架构中关键模块的电路设计细节，包括图 3.3 中的膜电位更新模块、伪随机数生成模块和学习引擎模块。

图 3.5 展示了隐藏层计算单元和输出层计算单元中膜电位更新模块电路的细节。在每个时间步，该模块以时分复用的方式更新多个 LIF 神经元的膜电位。对于每个神经元 j，膜电位更新模块首先从存储器中读取上一个时间步该神经元的膜电位 $V_j(t-1)$，并进行泄漏操作。为了避免使用昂贵的硬件乘法器资源，泄漏时间常数被限制为 2 的 b 次幂，其中 b 为 4-bit 无符号整数，从而通过简单的加法和右移操作就可以实现泄漏。之后，根据当前时间步突触前脉冲数据 $s_i(t)$ 的值，选择对应权重 w_{ij}（$s_i(t)=1$）或 0（$s_i(t)=0$）并累加至累加寄存器中。当处理完当前时间步的所有脉冲后，将累加寄存器中的值作为更新后的膜电位值 $V_j(t)$ 并写回对应的存储器地址。

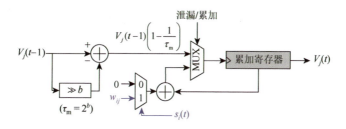

图 3.5　膜电位更新模块电路

学习引擎模块的电路结构如图 3.6 所示。对于每一次突触权重更新，根据奖惩信号 R_j 的值及当前是突触前脉冲触发的更新（pre）还是突触后脉冲触发的更新

（post），来选择对应的学习率参数和突触前/后脉冲 trace，用以执行式（3.5），进而完成权重更新。相关学习率参数存储在参数寄存器中，这些参数可以在整个学习阶段进行动态配置。

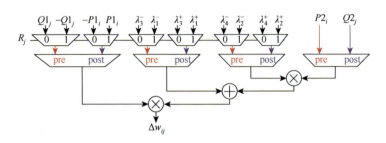

图 3.6 学习引擎模块电路[1]

隐藏层计算单元中的每个伪随机数生成器模块由一个 4-bit 线性反馈移位寄存器（linear feedback shift register，LFSR）构成，它在每个时钟周期在线生成一个 2-bit 有符号随机数，用于表示隐藏层权重（图 3.7）。可用的隐藏层权重值为 –1、0、1，分别由二进制的 11、00、01 表示，其中 10 也被转为 00。每个隐藏层计算单元中的 LFSR 都需要加载一个随机数种子，该种子的值决定了伪随机数的生成顺序。在每个时间步开始前，需要使用相同的种子配置 LFSR，以确保生成相同的隐藏层权重序列。经评估，在 784-2048-100 相网络结构中，相比于直接存储 2-bit 精度的隐藏层权重，采用上述在线生成伪随机数权重机制可以节约 2-bit×784×2048≈3.06 Mbit 的片上存储空间。

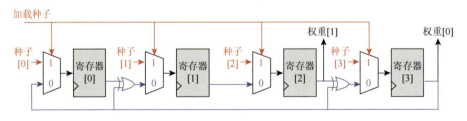

图 3.7 伪随机数生成器模块电路[1]

3.3 脉冲极限学习机的 FPGA 原型实现

3.3.1 FPGA 原型系统及性能测试

前面介绍的脉冲极限学习机神经形态处理器在 Xilinx ZC706 FPGA 开发平台

上实现了原型验证，架构参数设定为 $M=32$、$N=4$，每个隐藏层计算单元和输出层计算单元最大分别可支持 64 个和 32 个 LIF 神经元。在该 FPGA 原型上运行了 784-2048-100 的脉冲 ELM 结构，采用了 MNIST 和 Fashion-MNIST 数据集。MNIST 和 Fashion-MNIST 数据集均包含 10 个类别共 70 000 张灰度图像，其中 60 000 张作为训练集，其余 10 000 张作为测试集。MNIST 数据集包含 0～9 的 10 类手写数字，而 Fashion-MNIST 数据集则包含 10 个类别的衣物（衬衫、凉鞋等）图像。每张灰度图像的尺寸为 28×28 像素，每个像素值的范围为 0～255。实验中在将数据集图像输入 FPGA 原型前，首先在 PC 端采用泊松速率编码将像素值转换为脉冲序列。学习和推理过程的样本窗口分别为 200 和 150 时间步。

　　FPGA 原型及测试系统如图 3.8 所示，其在 MNIST 和 Fashion-MNIST 数据集上分别最高实现了 93% 和 78.5% 的测试集分类识别率。该 FPGA 原型工作在 200 MHz 时钟频率下，实时推理帧率为 30 帧/秒（frames per second，fps），片上学习的速率为 22.5 fps。FPGA 资源消耗情况列在表 3.1 中，从表中可以看出其仅消耗了 FPGA 器件不到 10% 的逻辑资源和不到 25% 的块随机存储器（block random access memory，BRAM），适合物端低成本应用。

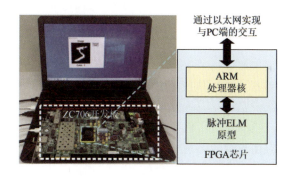

图 3.8　FPGA 原型及测试系统[1]

表 3.1　FPGA 原型资源消耗[1]

组成部分	逻辑资源			存储资源	
	Slice Register（437, 200）	Slice LUT as logic（218, 600）	DSP（乘法器）（900）	Slice LUT as mem.（70, 400）	BRAM（545）
隐藏层计算单元	44（0.01%）	100（0.05%）	0（0%）	8（0.01%）	0（0%）
输出层计算单元	262（0.06%）	636（0.29%）	2（0.22%）	138（0.20%）	32（5.87%）
隐藏层计算核	6208（1.42%）	11 244（5.14%）	0（0%）	256（0.36%）	0（0%）

续表

组成部分	逻辑资源		DSP（乘法器）（900）	存储资源	
	Slice Register（437, 200）	Slice LUT as logic（218, 600）		Slice LUT as mem.（70, 400）	BRAM（545）
输出层计算核	1137（0.26%）	3017（1.38%）	8（0.89%）	936（1.33%）	129（23.67%）
其他部分	214（0.05%）	1360（0.65%）	0（0%）	0（0%）	0（0%）
总计	7559（1.73%）	15 621（7.15%）	8（0.89%）	1192（1.69%）	129（23.67%）

注：隐藏层计算单元、输出层计算单元的相关数据已分别包含在了隐藏层计算核、输出层计算核之中。

3.3.2　工作对比

　　表 3.2 将本章介绍的脉冲极限学习机神经形态处理器与先前报道的浅层 SNN 模型算法和基于 FPGA 实现的物端神经形态处理器进行了比较[①]，从表中可以看出，得益于三元 R-STDP 优秀的学习能力及所采用的硬件设计方案，本章介绍的脉冲极限学习机处理器实现了较高的学习和推理帧率，并在图像分类任务中达到了相对较高的识别率。虽然文献[9]中的 SNN 硬件实现了更高的推理帧率，但它消耗了众多的逻辑资源。另外，脉冲极限学习机消耗的逻辑和存储资源也远低于文献[10]～文献[12]。虽然本工作相比于其他工作需要运行较多的神经元，但由于隐藏层和输出层计算单元采用时分复用的方式更新多个神经元的状态，所以仍然保持了较低的硬件资源消耗。总地来说，本章介绍的脉冲极限学习机处理器实现了实时学习和推理，同时达到了较高的识别率，并且仅消耗了较少的硬件资源，可以满足物端智能应用对神经形态处理器速度、能耗和性能的需求。

表 3.2　与先前报道的浅层 SNN 处理器的对比[1]

工作	文献[6]	文献[7]	文献[8]	文献[9]	文献[10]	文献[11]	文献[12]	本工作
实现方式	仿真软件	仿真软件	Spartan-6 FPGA	Virtex-7 FPGA	Spartan-6 FPGA	Virtex-6 FPGA	Spartan-6 FPGA	Zynq7045 FPGA
时钟频率/MHz	—	—	100	100	75	120	25	200
逻辑片	—	—	—	—	22 528	93 232	27 288	15 621
DSP	—	—	—	—	64	—	58	8
BRAM	—	—	—	—	549	306.25	216	129
学习速率/fps	—	—	—	61	—	0.06		22.5

---

① 表格中对比的基于 FPGA 实现的处理器为截至本章介绍的处理器[1]发表之前。

续表

工作	文献[6]	文献[7]	文献[8]	文献[9]	文献[10]	文献[11]	文献[12]	本工作
推理速率/fps	—	—	—	317	1.89	0.12	6.25	**30**
片上学习	—	—	Stochastic-STDP	Pari-based STDP	Persistent CD	Pari-based STDP	Persistent CD	**Triplet R-STDP**
数据集	MNIST	MNIST、Fashion-MNIST	MNIST	MNIST	MNIST	MNIST	MNIST	**MNIST、Fashion-MNIST**
网络模型	784-100	784-100-100	784-6400-10	784-200-100-10	784-500-500-10	784-800	784-500-500-10	**784-2048-100**
识别率/%	82.9	91.22、77.34	95.7	92.93	92	89.1	93.8	**93、78.5**

参 考 文 献

[1] He Z，Shi C，Wang T X，et al. A low-cost FPGA implementation of spiking extreme learning machine with on-chip reward-modulated STDP learning[J]. IEEE Transactions on Circuits and Systems Ⅱ：Express Briefs，2022，69（3）：1657-1661.

[2] Tamura S，Tateishi M. Capabilities of a four-layered feedforward neural network: Four layers versus three[J]. IEEE Transactions on Neural Networks，1997，8（2）：251-255.

[3] Huang G B. Learning capability and storage capacity of two-hidden-layer feedforward networks[J]. IEEE Transactions on Neural Networks，2003，14（2）：274-281.

[4] Huang G B，Chen L，Siew C K. Universal approximation using incremental constructive feedforward networks with random hidden nodes[J]. IEEE Transactions on Neural Networks，2006，17（4）：879-892.

[5] Pfister J P，Gerstner W. Triplets of spikes in a model of spike timing-dependent plasticity[J]. Journal of Neuroscience，2006，26（38）：9673-9682.

[6] Diehl P U，Cook M. Unsupervised learning of digit recognition using spike-timing-dependent plasticity[J]. Frontiers in Computational Neuroscience，2015，9：99.

[7] Wang T X，Shi C，Zhou X C，et al. CompSNN: A lightweight spiking neural network based on spatiotemporally compressive spike features[J]. Neurocomputing，2021，425（1-2）：96-106.

[8] Yousefzadeh A，Stromatias E，Soto M，et al. On practical issues for stochastic STDP hardware with 1-bit synaptic weights[J]. Frontiers in Neuroscience，2018，12：665.

[9] Li S X，Zhang Z M，Mao R X，et al. A fast and energy-efficient SNN processor with adaptive clock/event-driven computation scheme and online learning[J]. IEEE Transactions on Circuits and Systems I：Regular Papers，2021，68（4）：1543-1552.

[10] Neil D，Liu S C. Minitaur：An event-driven FPGA-based spiking network accelerator[J]. IEEE Transactions on Very Large Scale Integration Systems（VLSI），2014，22（12）：2621-2628.

[11] Wang Q，Li Y J，Shao B T，et al. Energy efficient parallel neuromorphic architectures with approximate arithmetic on FPGA[J]. Neurocomputing，2017，221：146-158.

[12] Ma D，Shen J C，Gu Z H，et al. Darwin：A neuromorphic hardware co-processor based on spiking neural networks[J]. Journal of Systems Architecture，2017，77：43-51.

第 4 章　三重类脑神经形态处理器

本章将介绍一款融合多种类脑智能计算机制的神经形态处理器——三重类脑（TripleBrain）神经形态处理器[1]。在模型算法层面，首先介绍三重类脑学习规则，其融合了 STDP、区域自组织映射（self-organizing maps，SOM）及强化学习（RL）三种类脑仿生机制，大幅提升了单层 SNN 特征提取能力和模型识别率。在处理器架构层面，本章介绍三重类脑处理器架构和关键电路设计。该处理器首先实现了 FPGA 原型，随后采用 65 nm CMOS 制程工艺流片实现了专用集成电路芯片（application specific integrated circuit，ASIC）原型。实验部分展示处理器的各项性能指标，并与相关工作进行充分对比，证明本章介绍的处理器在物端智能应用中的优势。

4.1　三重类脑学习机制

4.1.1　模型结构和特点

图 4.1 展示了基于 TripleBrain 学习机制的单层 SNN 模型，它由 $M(M_1 \times M_2)$ 个输入节点和一层二维排列的 $N(N_1 \times N_2)$ 个 LIF 神经元阵列组成，每个输入节点都与输入图像上对应的一个像素位置相对应，输入节点和 LIF 神经元之间为全连接，即每个 LIF 神经元共享同一组 M 个突触前脉冲序列，并按照式（2.3）进行膜电位更新。TripleBrain 学习机制融合了三重类脑仿生机制，包括 STDP 学习规则、SOM 及 RL 机制，如图 4.2 所示。下面依次对这三种仿生学习机制进行介绍。

1. STDP 学习规则

STDP 学习规则的基本概念已经在 2.3.1 小节进行了介绍，这里在实际应用 STDP 学习规则时还使用了 2.2.2 小节介绍的赢家通吃（WTA）侧抑制机制和动态阈值方法，以提升 SNN 模型的鲁棒性。值得注意的是，为了避免记录所有突触前和突触后脉冲时刻的信息，节约片上存储资源，在实际实现 STDP 学习规则时还利用了脉冲轨迹机制。具体实现方式如下：将突触前 trace 定义为 P_i，突触后 trace 定义为 Q_j，对于图 4.1 中的每个神经元而言，i、j 分别表示突触前、突触后神经

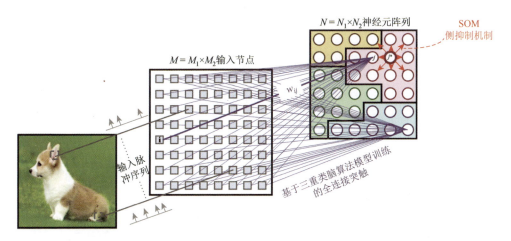

图 4.1　基于三重类脑学习机制的单层 SNN 模型示意图[1]

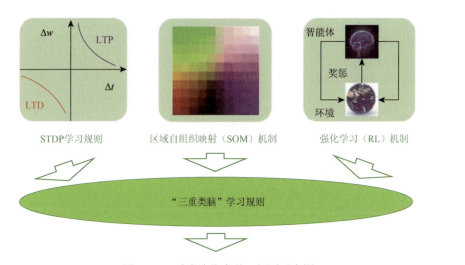

图 4.2　三重类脑仿生学习规则示意图

元的索引编号。在全连接 SNN 结构下，各层全部神经元均全连接到前层所有神经元（对图 4.1 的单层 SNN 而言，前层"神经元"实际为无计算功能、只负责传递输入脉冲的输入节点），因此 P_i 可被该层所有 LIF 神经元共享。当输入节点 i 到来一个脉冲时，突触前 trace P_i 将按式（4.1）进行更新：

$$P_i(t) = \begin{cases} 1, & \text{最邻近配对模式} \\ P_i(t_{\text{pre},\,i}) \exp\left(-\dfrac{t - t_{\text{pre},\,i}}{\tau_+}\right) + 1, & \text{全局配对模式} \end{cases} \quad (4.1)$$

式中，$t_{\text{pre},i}$ 为输入节点 i 的上一个输入脉冲时刻。另外，当神经元 j 发射一个突触后脉冲时，突触后 trace Q_j 按式（4.2）进行更新：

$$Q_j(t) = \begin{cases} 1, & \text{最邻近配对模式} \\ Q_j(t_{\text{post},j}) \exp\left(-\dfrac{t - t_{\text{post},j}}{\tau_-}\right) + 1, & \text{全局配对模式} \end{cases} \tag{4.2}$$

式中，$t_{\text{post},i}$ 为神经元 j 的上一个脉冲发射时刻。基于上述事件驱动更新的 trace 可进一步实现事件驱动 STDP 权重更新。对于神经元 j 和其突触（输入节点）i，突触权重更新量为

$$\Delta w_{ij} = \begin{cases} -\lambda_- Q_j(t_{\text{post},j}) \exp\left(-\dfrac{t - t_{\text{post},j}}{\tau_-}\right), & \text{当突触 } i \text{ 接收到突触前脉冲} \\ \lambda_+ P_i(t_{\text{pre},i}) \exp\left(-\dfrac{t - t_{\text{pre},i}}{\tau_+}\right), & \text{当神经元 } j \text{ 发射突触后脉冲} \end{cases} \tag{4.3}$$

由式（4.3）可知，基于 trace 的 STDP 突触权重更新只需计算和存储突触前/突触后 trace P_i 与 Q_j，以及最邻近的突触前/突触后脉冲时刻 $t_{\text{pre},i}$ 与 $t_{\text{post},j}$，从而避免了记录所有突触前/突触后脉冲时刻，大幅节约了存储和计算资源。

另外，也可以写出时间步驱动模式下的 trace 迭代更新公式：

$$P_i(t) = \begin{cases} \max\left(P_i(t-1)\left(1 - \dfrac{1}{\tau_+}\right), s_i(t)\right), & \text{最邻近配对模式} \\ P_i(t-1)\left(1 - \dfrac{1}{\tau_+}\right) + s_i(t), & \text{全局配对模式} \end{cases} \tag{4.4}$$

$$Q_j(t) = \begin{cases} \max\left(Q_j(t-1)\left(1 - \dfrac{1}{\tau_-}\right), s_j(t)\right), & \text{最邻近配对模式} \\ Q_j(t-1)\left(1 - \dfrac{1}{\tau_-}\right) + s_j(t), & \text{全局配对模式} \end{cases} \tag{4.5}$$

而在时间步驱动模式下，各时间步 t 的突触权重更新量为

$$\Delta w_{ij}(t) = -\lambda_- Q_j(t) \times s_i(t) + \lambda_+ P_i(t) \times s_j(t) \tag{4.6}$$

2. SOM 机制

SOM 机制引导空间位置上相邻区域的神经元对相似的输入模式进行同步响应，从而实现特征模式聚类，以获得更好的最终分类结果，这是一种无监督学习方法[2]。其生物学依据在于：在人脑感觉通路上，神经元的组织原理是有序排列的，当输入模式接近时，对应神经元的位置也相近。大脑皮层中神经元的这种相应特点并不是先天形成的，而是后天学习自组织形成的。

　　如图 4.3 所示，在单层 SNN 训练开始前，各个神经元响应的输入模式是随机的，随着每个训练样本的输入，与输入向量相似程度最高的神经元被激活并发射脉冲，该神经元称为获胜神经元，在图中以 $j*$ 表示。在二维平面阵列中，离获胜者越远的神经元将受到更大的侧抑制，从而增加其膜电位到达阈值的难度，使之难以对该输入模式进行响应并发射脉冲，迫使其另外学习其他输入模式。SOM 侧抑制操作的具体流程如下：在各时间步 t，当某个神经元 $j*$ 的膜电位大于阈值并发射脉冲时，该神经元被判定为获胜神经元，如式（4.7）所示，并对其他神经元的当前膜电位值 $V_j(t)$ 进行抑制，抑制程度由棋盘距离 d 和抑制因子 α 决定。棋盘距离 d 的计算如式（4.8）所示，其中（x_1, y_1）、（x_2, y_2）分别为被抑制神经元 j 与获胜神经元 $j*$ 在 SNN 网络中的二维坐标。抑制因子 α 随时间变化（α 是迭代次数或样本批数的函数）。值得注意的是，同一个时刻，获胜神经元可以有多个，从而需要实施多次 SOM 侧抑制。将 SOM 机制嵌入其他无监督学习规则（如 STDP），训练后的单层神经元阵列将表现出区域自组织映射的特征，即相邻区域的神经元会对相似的输入模式做出类似响应，而相隔越远的神经元响应模式之间的差异也越大，从而实现模式聚类。

$$V_j(t) \leftarrow V_j(t) \times \max(0, 1 - \alpha \times d(j, j*)) \tag{4.7}$$

$$d(j, j*) = \max\left(|x_j - x_{j*}|, |y_j - y_{j*}|\right) \tag{4.8}$$

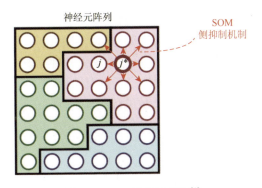

图 4.3　SOM 机制示意图[1]

3. RL 机制

　　如图 4.4 所示，RL 模型[3]主要由智能体（agent）、环境（environment）、状态（state）、动作（action）、奖励/惩罚（reward/punish）信号组成。智能体执行某个动作后，环境将转换到一个新的状态，对于新状态环境会给出奖惩信号。随后，智能体根据新的状态和环境反馈的奖惩，按照一定的策略执行新的动作。上述过程为智能体和环境通过状态、动作、奖惩进行交互的方式。智能体通过 RL，可以知道自己在何种状态下，应该采取什么样的动作使自身获得最大奖励。由于智能体与环境的交互方式同人类与环境的交互方式类似，所以可以认为 RL 是一套通用的学习框架，能够用来解决通用人工智能的问题。因此，RL 也称为通用人工智能的机器学习方法[3]。

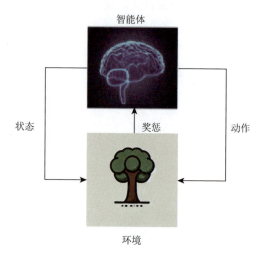

图 4.4　RL 原理示意

将 RL 机制应用到 STDP 中，可以得到脉冲域的强化学习机制 R-STDP 学习规则，其突触权重变化额外受外部奖励或惩罚信号的调制。相较于最基本的无监督 STDP 学习规则，R-STDP 学习规则可以大幅提升目标识别率。R-STDP 规则采用和前述无监督 STDP 学习规则同样的方式更新突触前/后脉冲 trace，二者的不同之处在于 R-STDP 还采用了 WTA 机制进行侧抑制，并在突触权重更新过程中引入了奖惩因子。有关 WTA 的介绍见 2.2.2 小节。与式（3.5）类似，具体的 R-STDP 突触权重更新公式如下：

$$
\Delta w_{ij} = \begin{cases}
-\lambda_{\mathrm{R}-}Q_j(t_{\mathrm{post},j})\exp\left(-\dfrac{t-t_{\mathrm{post},j}}{\tau_-}\right), & \text{当突触 } i \text{ 接收到突触前脉冲且} R_j = 1 \\[3mm]
\lambda_{\mathrm{P}-}Q_j(t_{\mathrm{post},j})\exp\left(-\dfrac{t-t_{\mathrm{post},j}}{\tau_-}\right), & \text{当突触 } i \text{ 接收到突触前脉冲且} R_j = 0 \\[3mm]
\lambda_{\mathrm{R}+}P_i(t_{\mathrm{pre},i})\exp\left(-\dfrac{t-t_{\mathrm{pre},i}}{\tau_+}\right), & \text{当神经元 } j \text{ 发射突触后脉冲且} R_j = 1 \\[3mm]
-\lambda_{\mathrm{P}+}P_i(t_{\mathrm{pre},i})\exp\left(-\dfrac{t-t_{\mathrm{pre},i}}{\tau_+}\right), & \text{当神经元 } j \text{ 发射突触后脉冲且} R_j = 0
\end{cases}
$$

$$（4.9）$$

式中，学习率 λ 的下标正负分别对应 LTP 和 LTD 学习过程，下标 R 表示奖励（reward），P 表示惩罚（punishment）。R_j 为奖惩因子，当神经元 j 的类别标签与当前训练样本一致时，给予其奖励值 $R_j = 1$，否则给予其惩罚值 $R_j = 0$。

4.1.2　学习规则

由于三重类脑学习规则包含多种仿生机制，因此通过不同的组合和推导可以衍生出多种不同的学习规则，包括 SOM-STDP & R-STDP 学习规则、R-SOM-STDP 学习规则和其他学习规则（如朴素 STDP 学习规则、R-STDP 学习规则等）。下面将依次进行介绍。

1. SOM-STDP & R-STDP 学习规则

SOM-STDP & R-STDP 学习规则分为三个阶段。对每个训练样本，第一个阶段采用无监督 SOM-STDP 进行训练，训练结束后进入第二个阶段，统计神经元的输出脉冲数量，并对平均响应最大的神经元进行类别标记。最后，在第三个阶段采用优化和改进的 R-STDP 学习规则对网络的突触权重进行微调，进一步提升算法的识别率。下面将对每个训练阶段展开介绍。

（1）阶段一：SOM-STDP 学习阶段。在该阶段中，首先根据式（2.3）完成事件驱动的膜电位更新操作，然后依次执行式（4.1）、式（4.2）完成突触前和突触后脉冲 trace 更新，最后执行式（4.3）实现突触权重更新。值得注意的是，突触权重的值需要进一步被限定在 $[0, w_{\max}]$，即

$$w_{ij} \leftarrow \max(0, \min(w_{\max}, w_{ij} + \Delta w_{ij})) \tag{4.10}$$

式中，$w_{\max} > 0$ 为可配置参数。对于突触后脉冲触发的权重更新，在完成其操作后，还需要通过 SOM 机制实现侧抑制操作，具体方法请见 4.1.1 小节相关内容。SOM-STDP 阶段不需要训练样本标签，为无监督学习。

（2）阶段二：神经元类别标记阶段。在 SOM-STDP 阶段结束后，根据整个训练集样本的标签，对经过无监督训练后 SNN 模型的神经元进行类别标记。具体标记方式如式（4.11）所示，假设第 k 个类别共有 B_k 个样本，一个特定神经元响应 $k(k = 1, 2, \cdots, K)$ 个类别的所有样本总共发射 C_k 次脉冲，则该神经元被标记的类别为

$$k^* = \underset{k}{\arg\max}(C_k / B_k) \tag{4.11}$$

因此，每个神经元被标记的类别为其在 k 个类别中响应最大的类别。

（3）阶段三：R-STDP 微调阶段。在对神经元标记完类别标签后，再基于强化学习 R-STDP 规则并结合奖惩信息，完成单层 SNN 的权重微调更新，弥补之前 SOM-STDP 无监督学习效果的不足，从而进一步提升分类识别率。R-STDP 算法的具体实现请参考 4.1.1 小节相关内容。

2. R-SOM-STDP 学习规则

与 SOM-STDP & R-STDP 学习规则不同，R-SOM-STDP 学习规则将前者所需的三个阶段压缩为一个阶段。具体过程是首先在训练开始前手动为所有神经元进行类别标记，相当于自定义神经元映射区域，然后直接利用奖惩信号对训练过程进行调制，根据式（4.1）、式（4.2）更新相应的 trace，再执行式（4.9）、式（4.10）完成权重更新，并对突触后脉冲触发的权重进行更新，此外，还需基于式（4.7）、式（4.8）实现 SOM 侧抑制操作。与三阶段 SOM-STDP & R-STDP 学习规则相比，单阶段 R-SOM-STDP 学习规则更简洁，因此整体训练延迟较小，但需要自定义神经元的非重叠映射区域，这通常不如采用 SOM 学习机制得到的自组织映射效果，所以可能会造成识别率下降。

3. 其他学习规则

三重类脑学习规则除可以实现 SOM-STDP & R-STDP 与 R-SOM-STDP 学习规则外，还可以实现基本的无监督 STDP 学习规则和强化学习 R-STDP 规则。当需要实现无监督 STDP 学习规则时，只需将式（4.7）中的抑制因子 α 设置为 1，即采用 WTA 机制，当某神经元获胜时，将周围所有神经元膜电位清零。当需要实现 R-STDP 规则时，则需在将抑制因子 α 设置为 1 的同时引入奖惩信号对突触强化学习权重进行调制。由此可见，这里介绍的三重类脑学习规则的可配置性，只需改变个别超参数即可实现不同的学习规则，使该算法可以适用于不同的应用场景，满足不同的需求目标。

4.2　三重类脑神经形态处理器设计

4.2.1　处理器架构及特点

图 4.5 为面向物端智能应用的轻量级三重类脑处理器架构，支持运行单层全连接 SNN 模型及片上三重类脑学习规则。该处理器是事件驱动型的，每个脉冲事件被打包为地址事件表示（address event representation，AER）格式[1]，AER 数据包由脉冲发射时间戳和发射源神经元编号索引（地址）组成。该架构包含全局控制器、突触前脉冲轨迹单元、存储扫描器、输入 AER FIFO、二维神经处理片（neural processing tile，NPT）并行阵列及输出 AER 仲裁模块。其中，全局控制器负责处理器的总体控制和数据调度，其内嵌的参数寄存器用于配置 SNN 模型参数及片上学习规则，以实现处理器架构和功能的灵活扩展和切换。突触前脉冲轨迹单元负责更新和保存突触前脉冲轨迹。存储扫描器负责统一串行访问并输出片上任意指

定存储块的所有数据，以方便硬件调试。输入 AER FIFO 用于缓存每个样本的输入脉冲事件，数据宽度为 18-bit，包含 10-bit 地址（输入节点索引）和 8-bit 时间戳 t。FIFO 的深度为 4096，通常能够完全容纳一个样本中的所有 AER 事件。二维神经处理片阵列由 4 个并行的神经处理片（NPT）组成，每个 NPT 内部以串行方式运行所分配的多个神经元的相关运算处理操作。输出 AER 仲裁负责协调各个神经处理片产生的输出脉冲事件。该芯片架构支持的最大输入图像分辨率为 32×32，故最大可支持 1024 个输入节点，即每个 LIF 神经元的突触数量。每个 NPT 最多可映射 8×8 的二维 LIF 神经元子网络，因此整个处理器支持最多 8×8×4 = 256 个 LIF 神经元的单层 SNN。

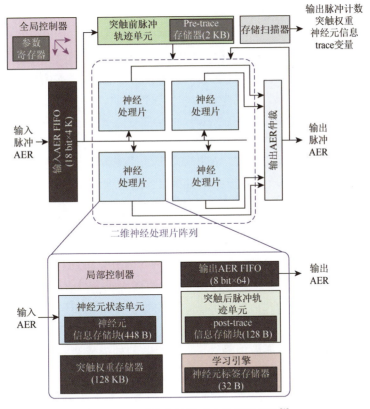

图 4.5　三重类脑神经形态处理器架构[1]

1 K = 1024。

如图 4.5 所示，每个 NPT 由局部控制器、输出 AER FIFO、神经状态单元、突触后脉冲轨迹单元、突触权重存储器及用于突触权重更新的学习引擎组成。局部控制器负责该 NPT 的控制和数据调度。输出 AER FIFO 缓存 NPT 产生的输出脉冲，并通过外部的输出 AER 仲裁器将各自的 AER 按照顺序反馈回所有 NPT 中的神经状态单元来进行膜电位侧抑制。输出 AER FIFO 的数据宽度为 8-bit，深度为 64，由于所有的运算处理包括膜电位更新、权重更新、脉冲轨迹更新及侧抑制更新等，而这些都是在当前输入 AER 事件的时间戳下完成的，所以输出 AER FIFO 中缓存的 AER 仅需包含一个 8-bit 地址（神经元索引），其时间戳是在从处理器发送到芯片外部时再附加到输出 AER 上的。神经状态单元包含膜电位更新、动态阈值更新、输出脉冲计数和侧抑制 4 个组件，负责计算和更新神经元的各类信息执行和神经元各种数据信息运算。突触后脉冲轨迹单元负责计算更新和存储该 NPT 所有神经元的突触后脉冲轨迹。突触权重存储器储存 NPT 内所有神经元的突触权重。学习引擎负责更新突触权重，以实现片上学习。

以上介绍的三重类脑处理器架构具有以下特点。

（1）基于完全事件驱动的高效并行化处理机制。各个 NPT 以时分复用计算资源的方式，负责运行最多 8×8 个 LIF 神经元阵列，包括更新神经元状态信息和片上学习调整突触权重等过程。处理器架构紧凑且可扩展，各个 NPT 并行参与运算，大幅提升了处理速度且只需消耗少量的硬件逻辑资源。首先，该架构只需将更多并行的 NPT 进行二维贴片式扩展或在单个 NPT 上容纳更多的神经元数目，便能够轻松扩展以支持更大的二维单层 SNN 网络，而不会造成明显的速度性能损失。其次，虽然所提出的神经形态芯片架构基于标准的数字同步电路，但却采用完全事件驱动机制，所有计算单元的操作和对存储器的数据访问只能由脉冲事件触发。当没有输入脉冲 AER 事件时，电路处于休眠状态，不执行任何操作。因此，其处理速度显著提高，所需的计算开销也显著降低。此外，芯片性能不受输入样本空间分辨率的限制，只受输入脉冲事件稀疏度的影响。

（2）可配置的处理器架构。图 4.5 全局控制器内嵌的参数寄存器可配置各种架构参数，包括输入节点数、各 NPT 实际映射处理的 LIF 神经元个数及片上学习规则类型等。通过配置这些参数，一方面可以使处理器架构适应不同输入分辨率的场景，例如，针对较简单的应用可以配置较少的神经元，这不仅可以加快硬件的处理速度，而且具有更高的能量效率；反之，对较为复杂的应用场景，可以配置更多的神经元以增强网络的学习能力。另一方面，可以配置执行不同的片上学习规则，使处理器能够根据不同的物端智能应用需求来平衡学习能力和学习帧率，达到最优的综合性能。

4.2.2　关键模块电路设计

处理器的关键模块包括神经元状态单元、突触前/后脉冲轨迹单元及学习引擎。下面将对此进行介绍。

1. 神经元状态单元

如图 4.6 所示，神经元状态单元由 4 个计算组件和神经元信息储存块组成。4 个计算组件分别为 LIF 计算组件、动态阈值计算组件、输出脉冲计数组件及侧抑制计算组件。神经元信息存储块内部包含 3 个存储器，分别用于存储各神经元发射脉冲计数值 $C_{\text{out},j}$、神经元膜电位 V_j 及阈值 $V_{\text{th},j}$。下面将分别详细介绍 4 个计算组件。

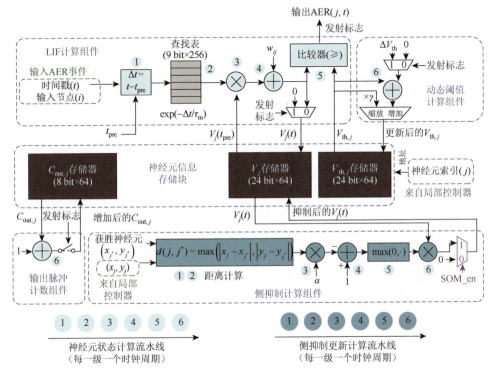

图 4.6　神经元状态单元[1]

（1）LIF 计算组件。当输入脉冲 AER 到来时，首先激活 LIF 计算组件。根据 AER 数据包中的时间戳 t 和来自全局控制器的 t_{pre}，可以计算出当前 AER 和上一个 AER 的时间差 $\Delta t = t - t_{\text{pre}}$，再以 Δt 为地址访问查找表并读出相应的指数泄漏因子，然后与旧的神经元膜电位 $V_j(t_{\text{pre}})$ 相乘完成泄漏操作，然后与相应突触权重 w_{ij} 相加完成积分操作，以执行式（2.3）。计算完成后使用比较器判断更新后的膜电位是否达到阈值，若是，则输出包含当前神经元索引 j 和时间 t 的 AER 数据包并将膜电位清零后写回存储器；否则仅将更新后的膜电位写回存储器。

（2）动态阈值计算组件。该组件有两个功能：增加或缩放神经元阈值。当神经元 j 发射了脉冲，则需要将其阈值 $V_{\text{th},j}$ 增加 ΔV_{th}；而当每批样本训练结束后，则需要将所有神经元的阈值乘上比例因子 $\gamma(0 < \gamma < 1)$ 进行缩放。ΔV_{th} 和缩放比例因子 γ 是可配置参数，存储在全局控制器的参数寄存器中，在实际应用时可灵活配置。

（3）输出脉冲计数组件。该组件负责计数各神经元发射脉冲数量。每当有神经元在进行运算时，输出脉冲计数组件都会在适当时刻从存储器中读出当前神经元脉冲计数 $C_{\text{out},j}$，若该神经元发射了脉冲，则将 $C_{\text{out},j}$ 增加 1 再写回存储器；否则不改变 $C_{\text{out},j}$ 的值并直接将其写回存储器。

（4）侧抑制计算组件。当 NPT 处理完其负责的所有神经元后，才开始执行侧抑制更新操作。此时在外部控制器的控制下，先前发射的 AER 地址（即获胜神经元地址）会依次反馈回所有 NPT。同时，所有其他神经元地址 (x_j, y_j) 也会被依次发送至侧抑制计算组件。当所有神经元膜电位都完成侧抑制更新后，再发送下一个获胜神经元地址并执行侧抑制。对某个获胜神经元 j^* 及某个其他神经元 j 来说，侧抑制组件首先根据式（4.8）计算出二者空间坐标的棋盘距离 $d(j, j^*)$，再根据式（4.7）计算出神经元 j 抑制后的膜电位值，其中抑制因子 α 是可配置的，同样存储在全局控制器的参数寄存器中。使能信号 SOM_en 控制侧抑制计算组件是否执行 SOM 操作。当 SOM_en = 1 时执行 SOM，并且抑制程度取决于抑制因子 α；当 SOM_en = 0 时，神经元膜电位 V_j 被直接清零，即执行 WTA 操作。抑制更新后的膜电位 V_j 被写回存储器。

图 4.6 中的神经元状态单元以多级流水的方式进行计算，以提升计算单元吞吐率。神经元状态计算和侧抑制更新计算过程均被划分为 6 级流水线，前者由 LIF 计算组件、动态阈值计算组件和输出脉冲计数组件共同完成，后者仅在侧抑制计算组件中完成，每级流水需要一个时钟周期进行计算。

2. 突触前/后脉冲轨迹单元

图 4.5 架构中的突触前脉冲轨迹单元和 NPT 中的突触后脉冲轨迹单元的结构类似，下面先重点介绍突触后脉冲轨迹单元。如图 4.7 所示，该单元由突触后脉冲轨迹（post-trace）信息存储块和相应的计算电路构成。post-trace 信息存储块内部包含两个存储器，分别存储最新的神经元突触后脉冲发射时刻 $t_{\text{post},j}$ 和突触后脉冲 trace Q_j。输入 AER 事件和输出 AER 事件均会激活突触后脉冲轨迹单元并进行计算。当输入 AER 事件到来时（突触 i 接收到突触前脉冲，图中以@pre 指示），计算单元基于查找表（LUT）和乘法器按照与神经元状态单元中相似的流程计算输出项 $Q_j(t_{\text{post},j})\exp(-\Delta t/\tau_-)$，该项将在随后被用于计算式（4.3）；当输出 AER 事件到来时（神经元索引 j 发射突触后脉冲，图中以@post 指示），可通过配置信号将 Q_j 的更新模式配置为最邻近/全局配对模式，并计算式（4.2）。当配置为全局配对模式时，选择将 $Q_j(t_{\text{post},j})\exp(-\Delta t/\tau_-) + 1$ 写回存储器；当配置为最邻近配对模式时，直接

将 1 写回存储器。此外，还需要更新 $t_{post,j}$ 的值并写回存储器。post-trace 相关计算划分为 4 级流水线以提升计算单元吞吐率，每级流水需要一个时钟周期。

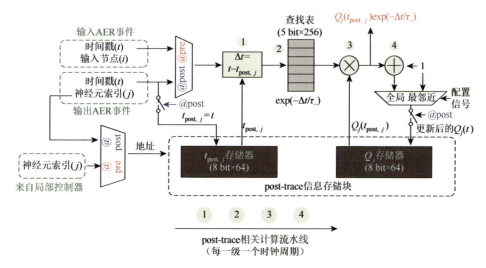

图 4.7　突触后脉冲轨迹单元[1]

突触前脉冲轨迹单元和突触后脉冲轨迹单元的结构类似，区别在于其存储块中的存储器分别用于存储突触前脉冲发射时刻 $t_{pre,i}$ 和突触前脉冲 trace P_i，并且它负责计算式（4.3）的另一项和式（4.1）。值得注意的是，突触前脉冲轨迹单元是被所有 NPT 共享的，因此可以节约存储和计算资源。

3. 学习引擎

图 4.8 中的学习引擎负责更新突触权重。通过协同配置图 4.6 中的 SOM 使能信号 SOM_en 和图 4.8 中的强化学习门控 RL_en，可以实现 4.1.2 小节所述的各种片上学习规则和推理功能，如表 4.1 所示。当 SOM_en 和 RL_en 均为 0 时，若此时处理器处于训练模式，则图 4.6 中的侧抑制计算组件执行 WTA 计算，学习引擎执行 STDP 片上学习；若此时处理器处于推理模式，则侧抑制计算组件执行 WTA 计算，学习引擎不工作。当 SOM_en = 1 且 RL_en = 0 时，学习引擎重构为 SOM-STDP 运算电路；当 SOM_en = 0 且 RL_en = 1 时，学习引擎重构为 R-STDP 运算电路；当 SOM_en 和 RL_en 均为 1 时，学习引擎重构为 R-SOM-STDP 运算电路。

突触前和突触后脉冲均会激活学习引擎。当突触 i 接收到突触前脉冲时（图中以@pre 指示），学习引擎首先根据局部控制器发送的神经元索引 j 访问神经元标签存储器来获得神经元标签，然后与训练样本标签进行对比，判断生成奖励信

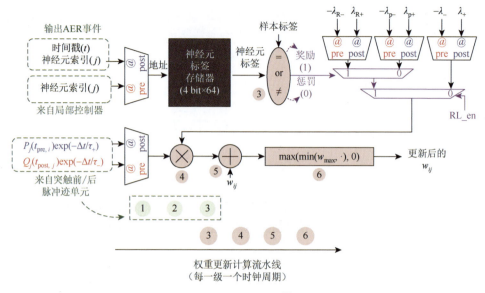

图 4.8　学习引擎[1]

号或惩罚信号，然后再结合表 4.1 的配置选择具体学习规则对应的识别率。之后，将选择的学习率与突触后脉冲轨迹单元发送的权重更新项 $Q_j(t_{\text{post},j})\exp(-\Delta t/\tau_-)$ 相乘，得到突触权重更新量 Δw_{ij}，再与旧的权重 w_{ij} 相加并依据式（4.10）进行截断，就可以得到更新后的突触权重 w_{ij}。学习引擎和突触前/后脉冲轨迹单元的时序由外部控制器协调。当神经元发射了突触后脉冲时（图中以@post 指示），学习引擎同样按照上述流程完成突触权重更新。权重更新计算划分为 6 级流水线，每级流水同样需要一个时钟周期。

表 4.1　不同片上学习规则对应的参数配置

学习规则	STDP	SOM-STDP	R-STDP	R-SOM-STDP	推理
SOM_en	0	1	0	1	0
RL_en	0	0	1	1	0

4.3　三重类脑处理器的 FPGA 原型及 ASIC 实现

4.3.1　FPGA 原型系统及性能测试

1. FPGA 原型系统及测试流程

基于 Xilinx Zynq-7045 FPGA 器件实现了上述三重类脑神经形态处理器原

型，其原型验证系统如图 4.9 所示。FPGA 芯片内嵌的 ARM 处理器负责处理器原型和上位机 PC 端之间的数据通信。同时，ARM 处理器还负责对输出脉冲进行解码并标记神经元类别或做出分类决策。512 KB 的外围输出/调试缓冲存储器用于接收神经元的输出 AER 或神经元脉冲计数，并在调试过程中缓存处理器原型的内部存储器、查找表和参数寄存器的数据。64 位的定时器用于监测处理消耗的处理时钟周期数，以便于实时计算处理器帧率，该定时器可以在 ARM 处理器的控制下实现复位、启动、暂停和停止。详细的原型验证流程如下。

（1）上位机 PC 端软件对所有基准数据集进行必要的预处理，包括图像预处理和输入脉冲编码等，获得的脉冲事件以 AER 格式记录在文本文件中。

（2）针对每个数据集，PC 软件生成随机的初始突触权重和定义的超参数，如学习速率、神经形态处理片中实际神经元的行和列、每个神经元的实际突触数等，这些数据通过以太网连接并和图 4.9 中的 ARM 处理器被写入 FPGA 原型的内部存储器和参数寄存器中。

（3）PC 端从 AER 文件中读取一个训练或推理样本的所有 AER 事件，并按照 AER 时间戳的顺序将其加载到 FPGA 原型的输入 AER FIFO 中。

（4）当一个样本的所有 AER 都加载到处理器原型中时，定时器复位并开始计时，然后存储器中的神经元膜电位和脉冲 trace 相关变量被全局控制器清零，之后启动芯片运行神经元状态更新和权重学习等计算。

（5）当一个样本的 AER 事件全部处理完毕时，定时器停止计时，处理器原型中的神经元脉冲计数值被输出到外围测试的输出/调试数据缓冲区存储器中。

（6）ARM 处理器读取缓冲区存储器中的输出脉冲计数值，进行神经元类别标记（训练阶段）或分类决策（推理阶段）。识别结果通过以太网传输到上位机 PC

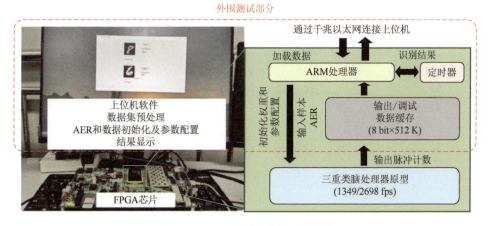

图 4.9　FPGA 原型及其测试系统[1]

端软件进行显示，同时 ARM 处理器读取并发送定时器的值到 PC 端，用以评估原型系统的实时处理帧率。

（7）对每个样本重复步骤（1）～（7），直到数据集的所有样本完成训练/推理。

2. FPGA 原型的资源成本、片上学习性能及能量效率评估

表 4.2 展示了 FPGA 原型的资源消耗，可知仅消耗了 7.59% 的逻辑资源、3.56% 的 DSP 资源及 24.04% 的 BRAM 资源。FPGA 原型运行在 250 MHz 时钟频率下，Vivado 工具评估得出运行时的平均功耗为 0.938 W。这些数据符合物端智能系统的成本及功耗限制的要求。

表 4.2　FPGA 原型资源消耗

资源	Slice LUT（218 600）	Slice Register（437 200）	Slices（54 650）	DSP（900）	BRAM（545）	功耗/W
NPT #1	1753	1497	849	8	32	—
NPT #2	1707	1489	821	8	32	—
NPT #3	1730	1489	804	8	32	—
NPT #4	1869	1491	866	8	32	—
其他	2993	2539	806	0	3	—
总计	10 052（4.60%）	8505（1.95%）	4146（7.59%）	32（3.56%）	131（24.04%）	0.938

图 4.10 展示了 FPGA 原型配置不同片上学习规则在 7 类基准数据集上的识别率，这说明充分融合三重类脑机制对识别率提升的效果显著，并且证实了三阶段 SOM-STDP & R-STDP 规则相比单阶段 R-SOM-STDP 规则在识别率上的优势。其中，"全局""最近邻"是指 STDP 系列规则中突触前/后脉冲配对模式，详细介绍请见 2.3.1 小节。

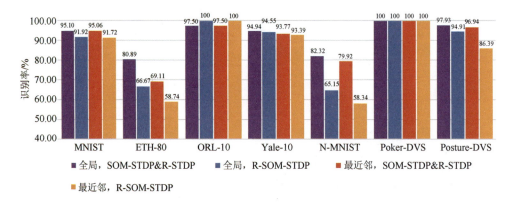

图 4.10　FPGA 原型运行不同片上学习规则在 7 类基准数据集上的识别率[1]

　　图 4.11 进一步评估和对比了 5 种可行的片上学习规则在 MNIST 数据集上的识别率和延迟。从图中可以看出，无监督 STDP 和 SOM-STDP 学习规则分别在第 2 次迭代（88.98 s）和第 1 次迭代（44.47 s）结束后快速收敛，但识别率低于 89%。带监督信号的 R-STDP 和 R-SOM-STDP 学习规则都是在第 4 次迭代（177.91 s）结束后分别达到 91.72% 和 91.92% 的较高识别率，随着迭代次数增加，学习达到饱和，识别率不再上升。SOM-STDP & R-STDP 学习规则在第 17 次迭代（733.88 s）结束后（其中 SOM-STDP 阶段占用 1 次迭代，神经元类别标签阶段占用 1 次迭代，R-STDP 阶段占用 15 次迭代），达到了 95.10% 的最高识别率。然而，从图 4.11 可以看出，在第 3 次迭代（收敛延迟为 111.2 s）或第 5 次迭代（收敛延迟为 200.16 s）结束后可以提前停止，此时分别得到了 93.21% 和 94.20% 的较高识别率，相比于 95.10% 的识别率仅有小幅下降，能够在不明显降低识别率的前提下有效减少整体的片上学习延迟。如图 4.11 右侧表格所示，不同片上学习规则的学习和推理帧率接近，其中学习帧率在 1346~1349 fps，推理帧率则高达 2698 fps，由此可以说明 FPGA 原型具有高吞吐率的优势，尤其适用于对实时性能有较高要求的物端智能应用场景。

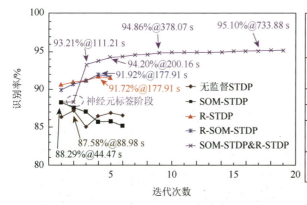

学习规则	学习帧率/fps	推理帧率/fps
无监督STDP	1348	2702
SOM-STDP	1346	2696
R-STDP	1349	2698
R-SOM-STDP	1349	2696
SOM-STDP &R-STDP	1349	2698

图 4.11　不同学习规则在 MNIST 数据集上的片上学习识别率、延迟和帧率[1]

　　此外，能量效率也是衡量物端神经形态处理器性能的重要指标，通常分为样本级能效 E_{img}（即平均处理一个样本消耗的能量）和突触级能效 E_{SOP}［即每个突触操作（SOP）消耗的能量］，分别按如下公式评估：

$$E_{img} = (power \times 1\,s)/(frame\text{-}rate \times 1\,s) = power/frame\text{-}rate \qquad (4.12)$$

$$E_{SOP} = (power \times 1\,s)/(SOP/s \times 1\,s)$$

$$= (power \times 1\,s)/(SOP/image \times frame\text{-}rate \times 1\,s)$$

$$= power/(SOP/image \times frame\text{-}rate)$$

$$= power/(SOP/spike \times spike/image \times frame\text{-}rate)$$

$$= E_{img}/(SOP/spike \times spike/image) \qquad (4.13)$$

式中，power 表示功耗；frame-rate 表示帧率；spike/image 表示每幅图需要处理的脉冲数。

在训练 MNIST 数据集的实验中，平均每幅训练图像包含 1232 个输入脉冲，平均每幅测试图像包含 1250 个输入脉冲，由于是全连接结构，所以每个输入脉冲触发的 SOP 数均等于该单层 SNN 的神经元个数，即 256。由此可以计算出训练阶段的 $E_{img}=0.938\ W/1349\ fps=0.70\ mJ/image$，推理阶段的 $E_{img}=0.938\ W/2698\ fps=0.35\ mJ/image$，以及训练阶段的 $E_{SOP}=0.70\ mJ/image/(256\ SOP/spike\times1232\ spike/image)=2.22\ nJ/SOP$，推理阶段的 $E_{SOP}=0.35\ mJ/image/(256\ SOP/spike\times1250\ spike/image)=1.09\ nJ/SOP$。

3. 突触权重可视化

图 4.12 为采用不同学习规则在 MNIST 数据集上训练完成后，所有 256 个神经元突触权值的可视化图像。这些可视化图像可以反映不同的片上学习规则对神经元学习能力的影响。从图中可以看出，无论采用何种片上学习规则，每个神经元都能够正确学习到独特的输入模式。同时，当仅采用无监督 STDP 或强化学习 R-STDP 学习规则时，每个神经元只能孤立地学习重复出现的输入模式，而无法学习模式间的相似聚类信息或样本间的相关特征。另外，在采用 SOM 机制的 SOM-STDP、三阶段 SOM-STDP & R-STDP 和单阶段 R-SOM-STDP 学习后，神经元明显以一种自组织的方式实现了聚类。对于新的输入样本数据，只需将其归入

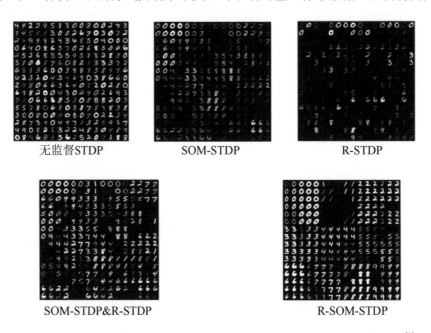

图 4.12　在 MNIST 数据集中采用不同学习规则训练后的突触权重可视化图像[1]

与该数据最接近的神经元的聚类即可。这种学习方式可以有效减少过拟合现象，增强了算法的鲁棒性和泛化能力，因此在实际训练效果中的表现更为优异。

4.3.2　与其他基于 FPGA 实现的物端神经形态处理器对比

表 4.3 将三重类脑处理器与其他先进的基于 FPGA 实现的神经形态处理器进行了对比①。从表中可以看出，本章介绍的三重类脑神经形态处理器具有最高的学习帧率和推理帧率，并达到 95.10% 的较高识别率，仅次于文献[4]中 96.27% 的识别率。文献[4]将复杂的片上监督学习应用于一个 4 层全连接的 SNN，并消耗了较多的硬件资源，在 MNIST 数据集上实现的识别率较本章介绍的三重类脑处理器提升了约 1.7 个百分点。文献[5]没有实现片上学习，且识别率仅达到 92%。文献[6]～文献[8]的工作都采用了无监督的 STDP 学习规则进行片上学习，由于 STDP 学习能力的限制，这些工作在 MNIST 数据集上的片上学习识别率均未能达到 90%。而文献[6]利用监督学习方法进行片外学习时，其识别率也仅为 92.93%。在文献[7]中，当神经元数量从 100 个增加到 6400 个时，其在 MNIST 数据集上的识别率由 83.4% 增加到了 95%，但同时也消耗了大量的片上逻辑和存储资源，难以部署到成本预算严格的物端应用场景中。文献[9]采用有监督的三元 R-STDP 规则实现片上学习，其识别率比 R-STDP 和 R-SOM-STDP 学习规则高一些，但低于 SOM-STDP & R-STDP 学习规则得到的识别率。正如 3.1.2 节所介绍的，三元 R-STDP 学习规则需要采用两对突触前和突触后脉冲 trace 来进行突触权重更新，相较于本章介绍的学习规则来说计算效率更低，从而影响了处理器的片上学习帧率。文献[10]没有实现片上学习，不利于部署到许多需要适应不受控环境的物端智能应用场景。

4.3.3　ASIC 原型芯片及性能指标

三重类脑处理器还采用 65 nm CMOS 工艺进行流片制造，为了尽可能减小处理器芯片的面积，并降低功耗，相较于 FPGA 原型版本，ASIC 版本进行了两方面的优化。第一是采用单端口 SRAM 代替双端口 SRAM，以节约片上存储器面积，但由于单端口 SRAM 一个时钟周期只能完成一次读或写，因此 4.2.2 小节介绍的各关键电路模块无法采用流水线计算，只能逐周期计算，这也降低了处理器整体的吞吐率；第二是采用随机舍入技术进行权重更新，在尽可能保证识别率的条件下实现突触权重低精度量化，大幅降低了片上存储资源消耗。在实际实现中，原始

---

① 表格中对比的基于 FPGA 实现的处理器为截至本章介绍的处理器[1]发表之前。

表 4.3 基于 FPGA 实现的物端神经形态处理器对比

项目	文献[4]	文献[5]	文献[6]	文献[7]	文献[8]	文献[9]	文献[10]	三重类脑处理器
FPGA	ZC706 board[1]	Spartan-6	Virtex-7	Zynq-7030	Virtex-6	Zynq-7405	Spartan-6	Zynq-7045
Slice LUT	126 482	N/A	N/A	78 586	97 287	N/A	6214	10 052
Slice Register (Flip-Flops)	23 331	N/A	N/A	23 498	58 826	N/A	1676	8505
Slices	N/A	22,000	N/A	N/A	N/A	15 621	N/A	4146
DSP	210	64	N/A	433	0	8	32	32
B RAM	N/A	200	N/A	N/A	34	129	72	131
时钟频率/MHz	100	75	100	301.8	120	200	25	250
SNN 模型	196-100-100-10	784-500-500-10	784-100	784-100	784-800	784-2048-100	784-500-500-10	784-256
片上学习	ST-DFA-2	无	STDP	STDP	STDP	Triplet R-STDP	无	SOM-STDP & R-STDP
学习帧率/fps	155	N/A	61	163.9	0.06	22.5	N/A	1349
学习收敛时间/s	N/A	N/A	163（10 K frames）	21.4	N/A	N/A	N/A	111.2~734（180 K~1.02 M frames）
推理帧率/fps	N/A	6.58[3]	317	N/A	0.12	30	6.25[3]	2698
MNIST 数据集上识别率/%	96.27	92[4]	85.28, 92.93[4]	83.4	89.1	93	93.8[4]	93.21~95.10
功耗/W	0.275	1.5	1.61	1.09	0.08	1.03	N/A	0.938
学习能效	1.77 mJ/img	N/A	26.32 mJ/img	6.64 mJ/img, 0.177 nJ/SOP	1340 mJ/img	45.78 mJ/image	N/A	0.70 mJ/image, 2.22 nJ/SOP
推理能效	N/A	228 mJ/img	5.04 mJ/img	N/A	1127 mJ/img	34.33 mJ/image	N/A	0.35 mJ/image, 1.09 nJ/SOP

1 未报告 FPGA 器件名称。

2 在赛灵思（Slice）FPGA 中，一个 Slice 可以配置为 4 个 Slice LUT 或 8 个 Slice 寄存器（Register）使用。

3 包含超出 SNN 硬件部分的 SoC MPU 数据处理和片外 SDRAM 访问额外开销。

4 通过片外学习获得。

16-bit 精度突触权重被量化为 8-bit 精度，降低了 50%的权重片上存储资源消耗。有关随机舍入技术的技术细节将在 5.1.2 小节进行详细介绍。

图 4.13 展示了 ASIC 芯片的显微照片、测试系统及性能指标。芯片总面积为 7.6 mm^2，内核面积仅为 4.68 mm^2，支持最大 256 个神经元，256 K 神经突触，在 100 MHz 下，功耗仅为 47 mW，学习和推理帧率分别为 143 fps 和 331 fps，并且达到了 328 μW/image 和 141 μW/image 及 1.04 nJ/SOP 和 0.44 nJ/SOP 的较高能量效率。

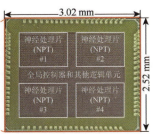

制程工艺	65 nm IP9M CMOS
芯片面积（裸片/内核）	7.6/4.68 mm^2
最大神经元/突触数量	256/256 K
时钟频率	100 MHz
供电电压	内核1.0 V, I/O 3.3 V
芯片功耗	47 mW
学习/推理帧率	143/331 fps
学习/推理能效	328/141 μW/image

图 4.13 芯片显微照片及性能指标[1]

4.3.4 与其他 ASIC 物端神经形态处理器对比

表 4.4 将本章介绍的三重类脑神经形态 ASIC 芯片与其他国内外先进的数字神经形态芯片进行了比较①。其中，大规模通用型神经形态芯片 SpiNNaker[11]、TrueNorth[12]、Loihi[13]的面积从几十到数百平方毫米不等，面积大、功耗高。相比之下，三重类脑芯片的面积很小，并且芯片的能量效率远高于上述三款大规模通用型神经形态芯片，更适用于物端智能应用场景。在与其他小型物端神经形态芯片的比较中，Darwin[10]芯片的面积中等，不支持片上学习，推理帧率低，不适用于对实时性能具有严格要求的物端应用场景。文献[13]～文献[16]报道的芯片虽然实现了很高的能量效率，但不支持或仅支持简单的 STDP/SDSP 片上学习规则，识别率受限，无法满足实际应用需求。与 MorphBungee[17]芯片相比，三重类脑芯片的识别率稍低，但面积仅约为它的 50%，功耗也只有 47 mW，远低于 MorphBungee 芯片的功耗。综上所述，三重类脑芯片在面积、功耗、精度和延迟方面取得了较好的权衡，十分适用于物端智能应用场景。

---

① 表格中对比的 ASIC 芯片截至本章介绍的处理器[1]发表之前。

表 4.4 数字神经形态处理器 ASIC 芯片对比

芯片	流片工艺	芯片面积/mm²	片上学习规则（输入脉冲编码）	MNIST 数据集上片上学习识别率/%	时钟频率/MHz	内核电压/V	芯片功耗	MNIST 数据集上处理帧率/fps	能量效率
SpiNNaker[11]	0.13 μm	101.64	可编程	N/A	180	1.2	1 W	N/A	26.6 nJ/SOP（推理）▲
TrueNorth[12]	28 nm	430	无（速率编码）	N/A	N/A	0.7~1.05（典型 0.775）	65 mW	N/A	26 pJ/SOP（推理）△
Loihi[13]	14 nm FinFET	60	可编程	96	N/A	0.5~1.25（典型 0.75）	N/A	N/A	120 pJ/SOP（学习）△ 23.6 pJ/SOP（推理）△
ODIN[13]	28 nm FDSOI	0.086（仅内核）	SDSP（排序编码）	84.5ᵃ	100	0.55~1.0（典型 0.55）	477 μW	N/A	8.4 pJ/SOP（学习）△
Chen's[14]	10 nm FinFET	1.72	STDP（速率编码）	89ᵇ	506	0.525~0.9（典型 0.9）	N/A	N/A	16.8 pJ/SOP（学习）▲ 8.3 pJ/SOP（推理）▲
MorphIC[15]	65 nm	3.5	统计 SDSP（速率编码）	N/A	210	0.8~1.2（典型 0.8）	26.8 mW	N/A	30 pJ/SOP（推理）△
Liu's[16]	130 nm	1.99（仅内核）	不支持（TTFS 编码）	N/A	100	1.2	77 mW	N/A	35 pJ/SOP（推理）△
MorphBungee[17]	65 nm	15.32（内核 10.39）	DeepTempo（TTFS 编码）	96.29	83	1.2	106 mW	87（学习）237（推理）	97 pJ/SOP（学习）△ 30 pJ/SOP（推理）△
Darwin[10]	180 nm	25	不支持（速率编码）	N/A	70	1.8	58.8 mW	6.25（推理）	N/A
三重类脑芯片	65 nm	7.6（内核 4.68）	SOM-STDP &R-STDP（速率编码）	94.86	100	1.0	47 mW	143（学习）331（推理）	1.04 nJ/SOP（学习）△ 0.44 nJ/SOP（推理）△

a 在片外使用了图像域去偏斜和软阈值处理。

b 在片外使用了图像域高斯滤波预处理。

△增量能量效率，即除静态能量（包括空闲状态下的存储器能量）和时钟静态能量，每个 SOP 操作消耗的额外能量。

▲全局能量效率，计算方式为静态能耗总和动态能耗总和除以所运行的 SOP 操作次数。

参 考 文 献

[1]　Wang H B，He Z，Wang T X，et al. TripleBrain: A compact neuromorphic hardware core with fast on-chip self-organizing and reinforcement spike-timing dependent plasticity[J]. IEEE Transactions on Biomedical Circuits and Systems，2022，16（4）：636-650.

[2]　Van Hulle M M. Self-organizing maps[J]. Handbook of Natural Computing，2012，1：585-622.

[3]　Vigne F L. Introduction to reinforcement learning[J]. MSDN Magazine，2018，33（10）：13-15.

[4]　Lee J，Zhang R Q，Zhang W R，et al. Spike-train level direct feedback alignment: Sidestepping backpropagation for on-chip training of spiking neural nets[J]. Frontiers in Neuroscience，2020，14：143.

[5]　Neil D，Liu S C. Minitaur: An event-driven FPGA-based spiking network accelerator[J]. IEEE Transactions on Very Large Scale Integration Systems（VLSI），2014，22（12）：2621-2628.

[6]　Li S X，Zhang Z M，Mao R X，et al. A fast and energy-efficient SNN processor with adaptive clock/event-driven computation scheme and online learning[J]. IEEE Transactions on Circuits and Systems I: Regular Papers，2021，68（4）：1543-1552.

[7]　Wu J J，Zhan Y，Peng Z X，et al. Efficient design of spiking neural network with STDP learning based on fast CORDIC[J]. IEEE Transactions on Circuits and Systems I: Regular Papers，2021，68（6）：2522-2534.

[8]　Wang Q，Li Y J，Shao B T，et al. Energy efficient parallel neuromorphic architectures with approximate arithmetic on FPGA[J]. Neurocomputing，2017，221：146-158.

[9]　He Z，Shi C，Wang T X，et al. A low-cost FPGA implementation of spiking extreme learning machine with on-chip reward-modulated STDP learning[J]. IEEE Transactions on Circuits and Systems II: Express Briefs，2022，69（3）：1657-1661.

[10]　Ma D，Shen J C，Gu Z H，et al. Darwin: A neuromorphic hardware co-processor based on spiking neural networks[J]. Journal of Systems Architecture，2017，77（2）：43-51.

[11]　Painkras E，Plana L A，Garside J，et al. SpiNNaker: A 1-W 18-core system-on-chip for massively-parallel neural network simulation.[J]. IEEE Journal of Solid-State Circuits，2013，48（8）：1943-1953.

[12]　Akopyan F，Sawada J，Cassidy A，et al. TrueNorth: Design and tool flow of a 65mW 1 million neuron programmable neurosynaptic chip[J]. IEEE Transactions on Computer-Aided Design of Integrated Circuits and Systems，2015，34（10）：1537-1557.

[13]　Davies M，Srinivasa N，Lin T H，et al. Loihi: A neuromorphic manycore processor with on-chip learning[J]. IEEE Micro，2018，38（1）：82-99.

[14]　Chen G K，Kumar R，Sumbul H E，et al. A 4096-neuron 1M-synapse 3.8-pJ/SOP spiking neural network with on-chip STDP learning and sparse weights in 10 nm FinFET CMOS [J]. IEEE Journal of Solid-State Circuits，2019，54（4）：992-1002.

[15]　Frenkel C，Legat J D，Bol D. MorphIC: A 65-nm 738k-synapse/mm^2 quad-core binary-weight digital neuromorphic processor with stochastic spike-driven online learning[J]. IEEE Transactions on Biomedical Circuits and Systems，2019，13（5）：999-1010.

[16]　Liu Y C，Qian K，Hu S G，et al. Application of deep compression technique in spiking neural network chip[J]. IEEE Transactions on Biomedical Circuits and Systems，2020，14（2）：274-282.

[17]　Wang T X，Wang H B，He J X，et al. MorphBungee: An edge neuromorphic chip for high-accuracy on-chip learning of multiple-layer spiking neural networks[C]//2022 IEEE Biomedical Circuits and Systems Conference（BioCAS）. Taipei，China: IEEE，2022：255-259.

第5章　脉冲域压缩感知神经形态处理器

本章介绍一款基于脉冲域压缩感知机制的神经形态处理器[1]。在模型算法层面，首先介绍基于脉冲域压缩感知特征的 SNN 模型，其利用压缩感知思想，对输入脉冲序列进行特征提取并得到压缩后的脉冲序列，显著减少了网络计算量。并且，本章还介绍一种误差触发的学习规则，其在降低计算复杂度的同时，保证网络的识别准确率。在硬件设计层面，结合本章所提出模型算法的结构和特点，介绍脉冲域压缩感知神经形态处理器架构和关键电路设计。该处理器基于 FPGA 实现了芯片原型，并与相关工作进行充分对比，验证该处理器在低延迟、低成本物端智能应用中的潜力。

5.1　脉冲域压缩感知网络模型

5.1.1　模型结构和特点

图 5.1 展示了脉冲域压缩感知 SNN 模型结构。该模型由压缩感知层和分类学习层组成。输入图像采用 2.4.1 小节介绍的泊松速率编码方法在编码时间窗口内将输入图像像素编码为脉冲序列。压缩感知层由 M 个 LIF 神经元组成，采用脉冲域

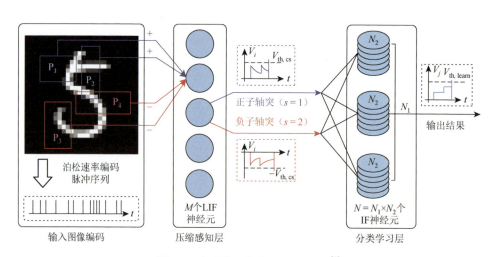

图 5.1　脉冲域压缩感知 SNN 模型[1]

压缩感知方法对输入脉冲序列进行特征提取和压缩，然后通过 LIF 神经元各自的正/负极性子轴突（轴突即神经元输出节点），将压缩感知后的特征脉冲序列传递至分类学习层。分类学习层由 $N = N_1 \times N_2$ 个 IF 神经元组成，其中 N_1 为目标分类任务的类别数，N_2 为每个类别包含的 IF 神经元数。输出脉冲解码采用 2.5 节介绍的群体决策解码方法，统计分类学习层中每个类别神经元发射脉冲的数量，并将发射脉冲总数最多的那一类判定为网络的最终分类结果。下面将对模型各层进行详细介绍。

1. 压缩感知层

压缩感知层中的 LIF 神经元负责从原始输入图像脉冲序列中提取特征元素。具体过程是每个 LIF 神经元均可以感知输入图像中的 4 个矩形块（patch）区域，包括 2 个正极性块（图 5.1 中的蓝色 P_1、P_2 区域）和 2 个负极性块（图 5.1 中的红色 P_3、P_4 区域）。每个 LIF 神经元感知的 4 个矩形块的位置和大小是随机选择的，并且在训练开始前确定，之后在整个学习和推理过程中保持不变。每当某个神经元 i 感知到任意块中有输入脉冲到来时，其膜电位按如下方式更新：

$$V_i(t) = V_i(t_{\text{pre}}) \exp\left(-\frac{t - t_{\text{pre}}}{\tau_{\text{m}}}\right) + \sum_{p=1}^{4} H_{ip}(x, y) R_{ip} \tag{5.1}$$

式中，$V_i(t)$ 为该神经元膜电位；$H_{ip}(x, y)$ 为 1 或 0，用于判断坐标地址是 (x, y) 的脉冲事件是否在神经元 i 感知的块区域 p 内，若是，则 $H_{ip}(x, y) = 1$，否则 $H_{ip}(x, y) = 0$；R_{ip} 为神经元 i 第 p 个块区域面积的倒数再乘以矩形块区域的极性（正/负极性分别以数值 1 和 -1 表示）。对比 LIF 神经元膜电位更新公式（2.3），可将 R_{ip} 视为神经元 i 与第 p 个块区域中各个位置的突触连接权重。注意，与基本 LIF 神经元模型不同的是，压缩感知层的 LIF 神经元同时有正阈值 $V_{\text{th, cs}} > 0$ 和负阈值 $-V_{\text{th, cs}} < 0$，当神经元膜电位向上达到正阈值或向下达到负阈值时，将分别通过正/负极性子轴突发射一个脉冲（该脉冲本身不再具有极性）至分类学习层，并将膜电位复位至 0。

2. 分类学习层

当图 5.1 中分类学习层的某个 IF 神经元 j 接收到来自压缩感知层的突触前脉冲时，其膜电位按如下的事件驱动方式更新：

$$V_j(t) = V_j(t_{\text{pre}}) + w_{s, ij} \tag{5.2}$$

式中，$w_{s, ij}$ 为压缩感知层 LIF 神经元 i 的极性子轴突通道 s（$s = 0$，1，分别代表正、负通道）和分类学习层 IF 神经元 j 之间的突触连接权重。本层所有 IF

神经元共享一个正阈值 $V_{th,\,learn}>0$，一旦神经元膜电位超过该阈值，则发射一个脉冲并将膜电位清零。

分类学习层采用了一种计算成本和复杂度极低、有利于高速低成本神经形态处理器实现的误差触发（error-triggered）学习规则，基于各神经元的输出误差和各突触上的脉冲总数进行突触权重更新，下面详细介绍该学习规则。

5.1.2　误差触发的轻量级学习规则

相较于 R-STDP 和 Tempotron 算法，分类学习层采用的误差触发学习规则采用计算效率更高的方案进行训练，有利于实现低成本的神经形态硬件片上学习，具体过程如下：在某个训练样本时间窗口内的某个时间步 t，当 IF 神经元 j 发射了脉冲但其标签与训练样本标签不一致时，则产生一个负误差 $e_j(t)=-1$，并立即触发该神经元所有突触的权重更新：

$$\Delta w_{s,\,ij}(t) = \lambda C_{s,\,i}(t)e_j(t) \tag{5.3}$$

式中，λ 为学习速率；$C_{s,\,i}(t)$ 为截至时间步 t 突触 $w_{s,\,ij}$ 上累积到来的突触前脉冲总个数。最后，当该训练样本时间窗口结束时，每个从未发射脉冲但其标签与输入样本标签一致的 IF 神经元都会生成一个正误差 $e_j(t=T)=1$，并以同样的方式按照式（5.3）触发突触权重更新。

为了降低突触权重的片上存储资源消耗，在计算出权重更新量后可以采用随机舍入技术，以高比特精度（本例中为 16-bit）计算权重更新量，而以低比特精度（本例中为 8-bit）存储更新后的突触权重。在计算得到 16-bit 权重更新量后，需要对其 8 个最低有效比特位（least significant bit，LSB）部分进行舍入，仅保留 8 个最高有效比特位（most significant bit，MSB）。为了实现统计上无偏差舍入，将 8 LSB 部分视为无符号的归一化概率 $P\in[0,\,1-2^{-8}]$ 对应的 8-bit 定点纯小数，其向上舍入为 1（即 8 MSB 的最低位加 1）的概率为 P，向下舍入为 0（即直接丢弃 8 LSB）的概率为 $1-P$。在实际实现时，这种随机舍入可以通过 8 LSB 与 8-bit 定点随机变量 $R\in[0,\,1-2^{-8}]$ 的比较来实现。比较结果决定了舍入方向：$P>R$ 则向上舍入，$P\leqslant R$ 则向下舍入。

与 R-STDP 和 Tempotron 学习规则对比可以发现，R-STDP 算法在训练过程中，一旦 LIF 神经元发射脉冲或接收到输入脉冲，就要根据神经元的标签与输入样本标签是否一致执行 STDP 或 Anti-STDP 规则并对神经元突触权重进行更新。本章介绍的误差触发学习规则在训练过程中只对不对应标签却发射了脉冲的 IF 神经元突触权重进行更新，对于对应标签却从未发射脉冲的 IF 神经元，只在时间窗口结束时对其突触权重进行更新，相比 R-STDP 减少了训练计算量；基于脉冲轨迹

trace 的 Tempotron 算法在训练过程中不仅需要对 trace 进行更新，还需要在最大膜电位 V_{max} 时刻备份每个突触对应的脉冲 trace 值。本章介绍的误差触发学习规则在训练过程中只需采用简单的计数器计数每个突触通道上的脉冲数量，故计算更为简单，消耗存储资源更少。综上所述，本章介绍的误差触发学习规则是一种计算高效的轻量级 SNN 学习规则，十分适用于对成本和延迟有更高要求的神经形态处理器。

5.2　脉冲域压缩感知神经形态处理器设计

5.2.1　处理器架构及特点

图 5.2 展示了支持片上学习的高速低成本脉冲域压缩感知神经形态处理器的总体架构，主要由压缩感知阵列和学习阵列组成，分别映射压缩感知层和分类学习层。处理器架构是事件驱动的，脉冲信号被打包为 AER 格式进行处理。

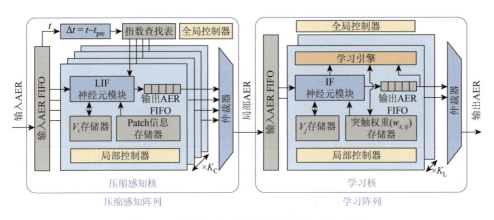

图 5.2　脉冲域压缩感知神经形态处理器架构[1]

压缩感知阵列包括 K_C 个并行的压缩感知核、1 个全局控制器、1 个输入 AER FIFO、1 个对各压缩感知核输出的 AER 进行调度的仲裁器及一个用于计算神经元膜电位泄漏的小型指数查找表（look-up table，LUT）。图 5.2 中 t_{pre} 和 t 分别表示上一个输入 AER 和当前输入 AER 的时间戳，全局控制器负责对压缩感知阵列的控制和数据调度，输入 AER FIFO 用于缓存输入样本脉冲事件。压缩感知阵列中每个压缩感知核都以时分复用的方式执行各自分配的 LIF 神经元的状态更新操作。各压缩感知核内部包括 1 个局部控制器、1 个 LIF 神经元模块、1 个输出 AER FIFO、1 个膜电位（V_i）存储器和 1 个 Patch 信息存储器。其中，局部控制器负责对压缩感知核的控制和数据调度，输出 AER FIFO 用于缓存 LIF 神经元模块产生的输出脉冲事件，Patch 信息存储器中每个地址条目存储 1 个 LIF 神经元中 4 个块区域的起止列（x_{start}, x_{end}）和起止行（y_{start}, y_{end}）信息及带有符号的矩形块面积倒数 R_{ip}。

学习阵列的结构与压缩感知阵列类似，但不需要指数查找表。学习阵列由 K_L 个并行的学习核、1 个全局控制器、1 个输入 AER FIFO 及 1 个输出 AER 的仲裁器组成。其中，全局控制器负责对学习阵列的控制和数据调度，输入 AER FIFO 用于缓存来自压缩感知阵列的脉冲事件。学习阵列中每个学习核以时分复用的方式执行各自分配的 IF 神经元的状态更新操作。各学习核内部包括 1 个局部控制器、1 个 IF 神经元模块、1 个执行式（5.3）计算的学习引擎、1 个输出 AER FIFO、1 个膜电位（V_j）存储器和 1 个突触权重（$w_{s, ij}$）存储器。其中，局部控制器负责对学习核的控制和数据调度，输出 AER FIFO 用于缓存 IF 神经元模块产生的输出脉冲事件。

以上介绍的脉冲域压缩感知神经形态处理器架构具有以下特点。

（1）基于事件驱动的高效并行化处理机制和细粒度流水线设计。本章提出的处理器架构基于完全事件驱动实现，只在有输入脉冲事件到来时，才驱动硬件进行工作，否则硬件处于待机状态，不执行任何操作。处理器架构主要由 2 个并行运行的阵列组成，即压缩感知阵列和学习阵列。各阵列内部也采用并行化设计，包括多个并行运行的压缩感知核或学习核。核内部的计算模块采用细粒度的流水线电路设计（5.2.2 小节）。通过上述基于事件驱动的高效并行化处理机制和细粒度流水线设计，大幅提升神经形态处理器的吞吐率。

（2）良好的可扩展性。本章提出的处理器架构具有良好的可扩展性，针对不同的应用，可以通过配置压缩感知核数量、学习核数量及各核的最大支持神经元数量，以实现在处理延迟、识别准确率和资源消耗之间的灵活权衡。

5.2.2　关键模块电路设计

以下介绍图 5.2 架构中 3 个关键模块的具体逻辑电路实现，这些模块分别是位于压缩感知核的 LIF 神经元模块、位于学习核的 IF 神经元模块及片上学习引擎模块。这些模块电路均采用细粒度流水线，故处理器具备较高的处理速度。

1. LIF 神经元模块

LIF 神经元模块电路如图 5.3 所示，采用三级流水线，每级对应 1 个时钟周期。对于每 1 个 LIF 神经元，该流水线第一级（流水级 1）负责判断当前输入 AER 地址（x, y）是否落在该神经元感知的 4 个矩形块区域；第二级（流水级 2）执行式（5.1），完成 LIF 神经元膜电位的泄漏和累加更新；第三级（流水级 3）将膜电位与正、负阈值进行对比，并判断是否发射脉冲。若神经元发射脉冲，则复位膜电位，并在相应正/负极性子轴突通道输送 AER 数据包至学习阵列。在该阶段结束后，更新后的膜电位写回存储器。

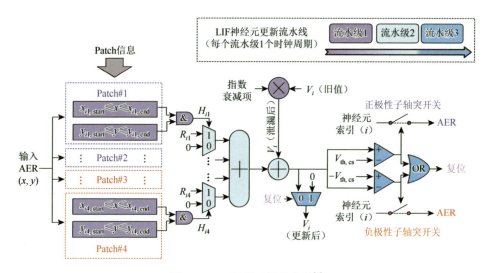

图 5.3 LIF 神经元模块电路[1]

2. IF 神经元模块

图 5.4 展示了 IF 神经元模块电路，其设计非常简单，包含一条两级流水线。一旦其接收到压缩感知阵列发射的 AER 时，该模块依据式（5.2）依次处理各个 IF 神经元。流水线第一级（流水级 1）负责膜电位更新，第二级（流水级 2）负责脉冲发射判断、膜电位复位和写回及 AER 输出。

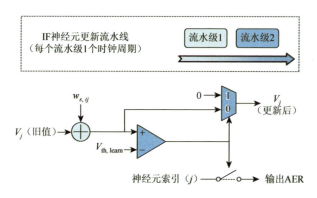

图 5.4 IF 神经元模块电路[1]

3. 片上学习引擎

图 5.5 是片上学习引擎模块电路，其包含 1 个误差监控器和 1 个随机权重更新器。在训练过程中，误差监控器负责监控分类学习层的 IF 神经元是否触发正或负误差，并生成相应的误差信号 e_j，误差判断依据见 5.1.2 节。神经元 j 的误差信号 e_j 触发随机权重更新器执行突触权重更新。随机权重更新器采用一条二级流水，其中第一级（流水级 1）负责执行式（5.3），计算得到原始的 16-bit 权重更新量 $\Delta w_{s,ij}$，第二级（流水级 2）则完成 $\Delta w_{s,ij}$ 的 8 LSB 随机舍入及 8-bit 权重更新，随机舍入相关原理见 5.1.2 小节。在片上训练完成后的推理阶段，学习引擎不参与运行。

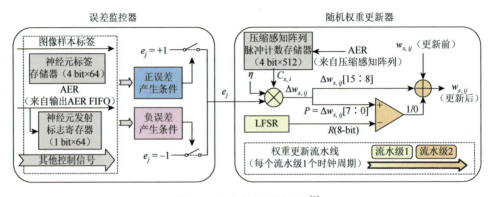

图 5.5　片上学习引擎电路[1]

5.3　脉冲域压缩感知处理器的 FPGA 原型实现

5.3.1　FPGA 原型系统及性能测试

脉冲域压缩感知神经形态处理器的 FPGA 原型和测试系统如图 5.6 所示。其中，FPGA 原型基于超低成本 Xilinx Zybo Zynq-7010 器件实现，架构参数 $K_C = 4$，$K_L = 2$，在该 FPGA 原型上运行的 SNN 模型参数及片上学习识别率见表 5.1。在测试系统中，上位机端和 Zybo 开发平台通过 1000 Mbps 以太网实现高速互连。其中，Zybo 开发平台的 Zynq-7010 FPGA 器件除用于实现神经形态处理器原型外，还用于实现原型测试所需的计时器、帧 AER 缓冲器、输出/调试数据缓存器等外围部件。此外，还使用其片上自带的 ARM 处理器硬核（Hard IP）。上位机端负责图像预处理、脉冲编码、数据初始化、发送指令及结果显示。ARM 处理器通过帧 AER 缓冲器、输出/调试数据缓存器，实现了上位机 PC 端和 FPGA 原型之间的通信。帧 AER 缓冲器负责缓存来自上位机 PC 端一帧输入图像的脉冲事件。输出/调试数据缓存器负责统计目标分类任务中每个类别包含的 IF 神经元发射脉冲总数，或者在调试过程中缓存 FPGA 原型输出脉冲事件、内部存储器、指数查找

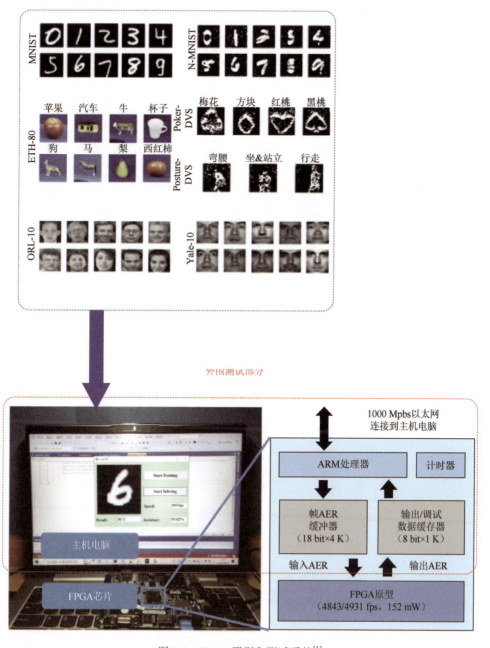

图 5.6　FPGA 原型和测试系统[1]

表和参数寄存器数据。计时器负责统计 FPGA 原型处理一帧输入图像所需要的周期数,并将统计结果发送至上位机 PC 端,用于计算帧率。FPGA 原型验证流程与4.3.1 小节类似,此处不再赘述。

表 5.1　FPGA 原型片上学习识别率及相应 SNN 模型参数配置

数据集	MNIST	ETH-80	ORL-10	Yale-10	N-MNIST	Poker-DVS	Posture-DVS
M				256			
N	100	80	100	100	100	40	30
识别率/%	95.02	81.40	100	94.55	84.46	100	97.89

表 5.1 展示了 FPGA 原型在 7 个基准数据集上的片上学习识别率,在基于静态帧的 MNIST、ETH-80、ORL-10 和 Yale-10 图像数据集及由脉冲事件流组成的N-MNIST、Poker-DVS 和 Posture-DVS 数据集上分别达到了 95.02%、81.40%、100%、94.55%、84.46%、100%和97.89%的较高片上学习识别率。

表 5.2 为 FPGA 原型的各项资源消耗。在 250 MHz 时钟频率下,FPGA 原型功耗仅为 152 mW(不包括 ARM 处理器等测试用的外围部件),并且只消耗了超低成本器件 Zynq-7010 极低的片上逻辑和存储资源,具体包括 5.74%的寄存器资源、13%的 DSP(乘法器)资源、18.56%的 Slice LUT(查找表)资源及 28.33%的 BRAM 资源,充分证实了该处理器具有低成本和低功耗的物端应用优势。

表 5.2　在 Zynq-7010 设备上的资源消耗[1]

资源	Slice Register（35200）	Slice LUT as logic（17600）	DSP（80）	Slice LUT as mem.（6000）	Total Slice LUT（23600）	BRAM（60）
压缩感知核	287	312	1	188	500	0
学习核	250	476	3	88	564	8
压缩感知阵列	1146	1319	4	776	2095	0
学习阵列	505	984	6	176	1160	16.5
其他	368	1124	0	0	1124	0.5
总计	2019（5.74%）	3427（19.47%）	10（13%）	952（15.87%）	4379（18.56%）	17（28.33%）

注:压缩感知阵列、学习阵列已分别包含压缩感知核、学习核的数据。

表 5.3 为 250 MHz 时钟频率下,FPGA 原型在 MNIST、ETH-80、ORL-10、Yale-10 图像数据集上的学习和推理帧率。可见,FPGA 原型在上述数据集上达到

了相当高的学习和推理帧率，尤其在 28×28 分辨率的 MNIST 数据集上，分别实现了高达 4843 fps 和 4931 fps 的片上学习和的推理帧率。

表 5.3　FPGA 原型在 4 个基准数据集上的学习和推理帧率

	MNIST	ETH-80	ORL-10	Yale-10
学习帧率/(fps)	4843	1884	1010	1354
推理帧率/(fps)	4931	1991	1034	1392

5.3.2　工作对比

表 5.4 将本章介绍的处理器与其他基于 FPGA 实现的物端神经形态处理器进行了全方位对比[①]。文献[2]中的 Darwin 芯片不支持片上学习，不利于部署到环境不断变化的物端应用场景。文献[3]中的 Minitaur 处理器同样不支持片上学习，并且在 MNIST 数据集上仅达到了 92% 的片外学习识别率。文献[4]～文献[6]都采用了无监督的 STDP 学习规则进行片上学习，虽然利于硬件实现，但学习能力受限，因此上述三项工作的片上学习识别率均较低，在 MNIST 数据集上均低于 90%。其中，文献[5]在采用片外学习的前提下，也仅达到了92.93% 的识别率。文献[7]采用三元 STDP 学习规则实现片上学习，但其在 MNIST 数据集上的片上学习识别率也仅达到了 90.58%，并且推理帧率仅为46.45 fps，同时资源消耗也较高。文献[8]采用三元 R-STDP 算法进行片上学习，在 MNIST 数据集上实现了 93% 的较高识别率，但推理帧率较低，仅有30 fps，并且资源消耗远高于本章介绍的神经形态处理器。本章介绍的神经形态处理器在 MNIST 数据集上的片上学习识别率仅比表 5.4 中识别率最高的文献[9]低 0.08%，但片上学习和推理帧率分别达到了文献[9]的 3.59 倍和 1.82倍，并且消耗的硬件资源更少。此外，本章介绍的神经形态处理器资源消耗、能量效率和推理帧率仅次于文献[10]，但其不仅支持片上学习，并且识别率高于文献[10]中的片外离线学习识别率。在表 5.4 中，本章介绍的处理器取得了较高的能量效率，仅次于文献[10]，这是由于其帧率高且功耗低，根据式（4.12），这两个因素共同造就了高能效。综上所述，本章介绍的脉冲域压缩感知神经形态处理器在片上学习识别率、处理速度和资源消耗方面实现了最优的权衡。

---

① 表格中对比的基于 FPGA 实现的处理器为截至本章介绍的处理器[1]发表之前。

表 5.4 基于 FPGA 实现的物端神经形态处理器对比

工作	文献[2]	文献[3]	文献[4]	文献[5]	文献[6]	文献[7]	文献[8]	文献[9]	文献[10]	本章工作
FPGA	Spartan-6	Spartan-6	Virtex-6	Virtex-7	Zynq-7030	ZCU102	Zynq-7045	Zynq-7045	Artix-7	Zynq-7010
Slice LUT△	6214	N/A	97,287	N/A	78,586	23,573	16,813	10,052	813	4379
Slice Register	1676	N/A	58,826	N/A	23,498	8713	7559	8,505	646	2019
DSP	32	64	0	N/A	433	0	8	32	2	10
B RAM	72	200	34	N/A	N/A	431.5	129	131	35	17
时钟频率/MHz	25	75	120	100	301.8	200	200	250	100	250
SNN 结构	784-500-500-10	784-500-500-10	784-800	784-100	784-100	784-2304	784-2048-100	784-256	4C-P-10C-P-10	784-256-100
片上学习	No	No	STDP	STDP	STDP	TSTDP	Triplet R-STDP	SOM-STDP & R-STDP	No	Error-Triggered Learning
学习帧率/(fps)	N/A	N/A	0.06	61	163.9	N/A	22.5	1349	N/A	4843
推理帧率/(fps)	6.25#	6.58#	0.12	317	N/A	46.45	30	2698	5000	4931
MNIST 识别率/%	93.8*	92*	89.1	85.28, 92.93*	83.4	90.58	93	95.10	92*	95.02
功耗	N/A	1.5 W	80 mW	1.61 W	1.09 W	782 mW	1.03 W	938 mW	34 mW	152 mW
学习能量效率/(mJ/image)	N/A	N/A	1340	26.32	6.64	N/A	45.78	0.70	N/A	0.0314
推理能量效率/(mJ/image)	N/A	288	1127	5.04	N/A	16.84	34.33	0.35	0.0068	0.0309

*通过片外学习获得。

#包含了超出 SNN 硬件部分的 SoC MPU 数据处理和片外 SDRAM 访问额外开销。

△包括 Slice LUTs as Logic 和 Slice LUTs as Mem。

参 考 文 献

[1]　Shi C，Zhang J Y，Wang T X，et al. An edge neuromorphic hardware with fast on-chip error-triggered learning on compressive sensed spikes[J]. IEEE Transactions on Circuits and Systems Ⅱ：Express Briefs，2023，70（7）：2665-2669.

[2]　Ma D，Shen J C，Gu Z H，et al. Darwin：A neuromorphic hardware co-processor based on spiking neural networks[J]. Journal of Systems Architecture，2017，77：43-51.

[3]　Neil D，Liu S C. Minitaur：An event-driven FPGA-based spiking network accelerator[J]. IEEE Transactions on Very Large Scale Integration（VLSI）Systems，2014，22（12）：2621-2628.

[4]　Wang Q，Li Y J，Shao B T，et al. Energy efficient parallel neuromorphic architectures with approximate arithmetic on FPGA[J]. Neurocomputing，2017，221：146-158.

[5]　Li S，Zhang Z，Mao R，et al. A fast and energy-efficient SNN processor with adaptive clock/event-driven computation scheme and online learning[J]. IEEE Transactions on Circuits and Systems I：Regular Papers，2021，68（4）：1543-1552.

[6]　Wu J J，Zhan Y，Peng Z X，et al. Efficient design of spiking neural network with STDP learning based on fast CORDIC[J]. IEEE Transactions on Circuits and Systems I：Regular Papers，2021，68（6）：2522-2534.

[7]　Zheng H L，Guo Y H，Yang X Y，et al. Balancing the cost and performance trade-offs in SNN processors[J]. IEEE Transactions on Circuits and Systems Ⅱ：Express Briefs，2021，68（9）：3172-3176.

[8]　He Z，Shi C，Wang T X，et al. A low-cost FPGA implementation of spiking extreme learning machine with on-chip reward-modulated STDP learning[J]. IEEE Transactions on Circuits and Systems Ⅱ：Express Briefs，2022，69（3）：1657-1661.

[9]　Wang H B，He Z，Wang T X，et al. TripleBrain：A compact neuromorphic hardware core with fast on-chip self-organizing and reinforcement spike-timing dependent plasticity[J]. IEEE Transactions on Biomedical Circuits and Systems，2022，16（4）：636-650.

[10]　Feng L C，Zhang Y Q，Zhu Z M. An efficient multilayer spiking convolutional neural network processor for object recognition with low bitwidth and channel-level parallelism[J]. IEEE Transactions on Circuits and Systems Ⅱ：Express Briefs，2022，69（12）：5129-5133.

第 6 章　多层 SNN 片上学习神经形态处理器：MorphBungee-I

第 3～5 章介绍的神经形态处理器均采用 1～2 层的浅层 SNN 模型，虽然非常适用于对资源、能耗、延迟有严格限定的物端应用场景，但浅层 SNN 及其简单的学习规则限制了片上学习识别率，难以部署应用到某些对目标分类识别率有较高要求的场合。为了解决这一问题，在模型算法层面，本章首先介绍一种基于直接反馈对齐（direct feedback alignment，DFA）[1]机制的多层全连接（fully connected，FC）SNN 模型（FC-SNN 模型），并利用 DFA 理论框架，将经典的单层 Tempotron 学习规则扩展到多层，称为 DeepTempo 学习规则[2]，从而提升 SNN 片上学习识别率。在处理器架构层面，本章介绍支持片上 DeepTempo 实时学习的 MorphBungee-I（魔法棒-Ⅰ）神经形态处理器[3]架构和关键电路设计。采用 65 nm CMOS 工艺流片制造该处理器原型芯片，完成功能和性能测试，并证明其在资源受限的物端实时智能系统中的应用潜力。

6.1　多层 SNN 学习规则

本节介绍的 DeepTempo 规则基于 DFA 机制，用于训练多层 FC-SNN，结构如图 6.1 所示，包含 $L-1$ 层隐藏层和 l 层输出层，第 $l-1$ 层与第 l 层之间通过可训练的突触权重矩阵 $\boldsymbol{W}^{(l)}$ 全连接。在 DFA 框架下，输出层误差通过固定的随机反传矩阵将神经网络的输出层误差直接投影至各个隐藏层，而并非采用标准 BP 算法中的误差进行逐层传播。这样，由于网络各层可以利用局部误差实现并行学习，

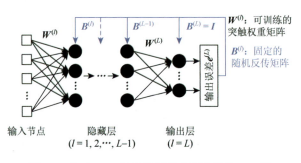

图 6.1　基于 DFA 训练机制的多层全连接 SNN[2]

因此在使用硬件实现时可以显著降低学习延迟。DeepTempo 学习规则利用 DFA 机制将 2.3.3 小节介绍的单层 Tempotron 学习规则扩展至多层，显著提升了算法识别率，同时也十分适合神经形态处理器实现。下面详细推导 DeepTempo 学习规则。

在 DFA 机制下，为了训练突触权重 $\boldsymbol{W}^{(l)}$，可以通过固定的随机反传矩阵 $\boldsymbol{B}^{(l)}$ 将输出层误差向量 $\boldsymbol{e}^{(L)}$ 直接投影到每个隐藏层（$l<L$），$\boldsymbol{e}^{(L)}$ 的各个元素（即输出层各神经元的误差）可以通过类似原始 Tempotron 算法的输出误差定义式（2.9）计算得到。

$$e_k^{(L)} = p_k^{(L)}\left(V_{\text{th},k}^{(L)} - V_{\text{max},k}^{(L)}\right) \tag{6.1}$$

式中，$p_k^{(L)}$ 为输出层 L 神经元 k 的三值输出误差极性。对于任意隐藏层（$l<L$）中的神经元 j，其误差可以通过 DFA 机制直接从输出层获得：

$$e_j^{(l)} = \sum_k B_{jk}^{(l)} e_k^{(L)} \tag{6.2}$$

式中，$B_{jk}^{(l)}$ 为矩阵 $\boldsymbol{B}^{(l)}$ 中的元素；$e_k^{(L)}$ 为输出层 L 中神经元 k 的误差。根据梯度下降原则，可以推导得出该神经元突触 i 上的权重更新公式为

$$
\begin{aligned}
\Delta w_{ij}^{(l)} &= -\lambda \frac{\partial e_j^{(l)}}{\partial w_{ij}^{(l)}} = -\lambda \sum_k B_{jk}^{(l)} \frac{\partial e_k^{(L)}}{\partial w_{ij}^{(l)}} \\
&= -\lambda \sum_k B_{jk}^{(l)} \frac{\partial\left(p_k^{(L)}(V_{\text{th},k}^{(L)} - V_{\text{max},k}^{(L)})\right)}{\partial w_{ij}^{(l)}} \\
&= \lambda \sum_k B_{jk}^{(l)} p_k^{(L)} \frac{\partial V_{\text{max},k}^{(L)}}{\partial w_{ij}^{(l)}} \\
&= \lambda \sum_k B_{jk}^{(l)} p_k^{(L)} \frac{\partial V_{\text{max},k}^{(L)}}{\partial V_{\text{max},j}^{(l)}} \frac{\partial V_{\text{max},j}^{(l)}}{\partial w_{ij}^{(l)}}
\end{aligned}
\tag{6.3}
$$

式中，$p_k^{(L)}$ 为输出层 L 神经元 k 的三值误差极性，其定义与式（6.1）中的一致；$V_{\text{max},j}^{(l)}$ 为第 l 层第 j 个神经元在训练样本时间窗口内达到的最大膜电位。在式（6.3）中，$\partial V_{\text{max},k}^{(L)} / \partial V_{\text{max},j}^{(l)}$ 依赖于神经元（l,j）到神经元（L,k）所有可能路径上相关变量的相互关系，具有高度复杂的非线性。为简单起见并考虑硬件可行性，将其近似成一个常数，并认为其影响已合并到学习速率 λ 和反馈矩阵 $\boldsymbol{B}^{(l)}$ 中。式（6.3）中的 $\partial V_{\text{max},j}^{(l)} / \partial w_{ij}^{(l)}$ 一项可仿照与式（2.10）相同的方法进行推导，因此可以得到

$$\Delta w_{ij}^{(l)} = \lambda \sum_k \left(B_{jk}^{(l)} p_k^{(L)}\right) \sum_{t_{ij}^{(l)} < t_{\text{max},j}^{(l)}} \exp\left(-\frac{t_{\text{max},j}^{(l)} - t_{ij}^{(l)}}{\tau_{\text{m}}}\right) \tag{6.4}$$

此外，规定输出层反馈矩阵 $\boldsymbol{B}^{(L)} = \boldsymbol{I}$，故所有层的权重更新规则都可以统一表示成式（6.4）的形式。再扩展输出层误差极性的概念，定义由输出层投影到各隐藏层的广义误差极性 p 为

$$p_j^{(l)} = \sum_k B_{jk}^{(l)} p_k^{(L)}, \quad l = 1, 2, \cdots, L \tag{6.5}$$

注意隐藏层的广义误差极性 $p_j^{(l)}$ 不再同输出层误差极性 $p_k^{(L)}$ 一样限定是三值的。将式（6.5）代入式（6.4），并略去层号 l 和神经元索引 j，即可得到所有层神经元权重更新规则的统一形式：

$$\Delta w_i = \lambda p \sum_{t_i < t_{\max}} \exp\left(-\frac{t_{\max} - t_i}{\tau_m}\right) \tag{6.6}$$

这与式（2.10）中的单层 Tempotron 学习规则在形式上完全相同，只不过式（6.6）中的 p 表示每个神经元的局部广义误差极性。综上所述，式（6.5）和式（6.6）共同构成了多层 FC-SNN 的 DeepTempo 学习规则（即多层 Tempotron 学习规则）。

为了节约存储和计算资源开销，在实际实现 DeepTempo 学习规则的过程中同样可以利用 2.3.3 小节介绍的脉冲轨迹（trace）机制。按式（2.11）和式（2.12）的方式定义和计算突触前脉冲轨迹 $P_i(t)$，可以得到类似式（2.14）且基于 trace 的 DeepTempo 权重更新公式，同样注意此时 p 表示广义误差极性：

$$\Delta w_i = \lambda p P_{\max, i} \tag{6.7}$$

6.2 "魔法棒-I" 神经形态处理器架构及电路设计

6.2.1 处理器架构及特点

图 6.2 为 "魔法棒-I" 神经形态处理器的总体架构，它充分利用了 FC-SNN 的结构特点和规则连接，以降低硬件设计的复杂度和成本。其采用层次化的宏处理核/微处理核多核架构，简单高效地完成了 FC-SNN 模型到芯片的映射。该架构主要由 M_1 个宏处理核和输出误差极性单元组成。每个宏处理核和 SNN 各层一一对应，即最大支持 FC-SNN 层数深度为 M_1。每个宏处理核最多可映射 N 个 LIF 神经元，并且每个神经元最多允许有 N 个突触扇入。宏处理核之间传递的脉冲被编码为 AER 格式，AER 数据包中只包含发射脉冲信号的神经元地址（即索引）。由于在 FC-SNN 中，各层只能接收来自其直接前一层的脉冲，故层信息可以省略，无须包含在 AER 数据包中。

如图 6.2 左下部分所示，每个宏处理核包含 M_2 个并行的微处理核阵列，每个微处理核最多支持处理 N/M_2 个 LIF 神经元；包含 1 个 trace 更新单元和 1 个 trace 存储器，用于更新当前层所有 LIF 神经元共享的突触前脉冲 trace；还包含 1 个脉冲标志乒乓缓存器，其每个通道由 N 个 1-bit 标志寄存器组成。假设此时处于时间步 t，其中一个通道在将当前时间步输入的突触前 AER 地址对应的脉冲标志寄存

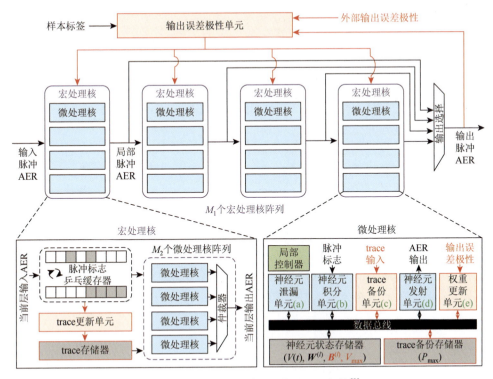

图 6.2　"魔法棒-I"神经形态处理器架构[3]

器置为 1，其他寄存器保持为 0；同时让微处理核从另一个通道中依次读取保存好的上一个时间步对应的脉冲标志数据并进行处理。通过这种乒乓操作，实现了宏处理核之间的时间步流水并行。

如图 6.2 右下部分所示，每个微处理核内部包含神经元泄漏单元、神经元积分单元、trace 备份单元、神经元发射单元、权重更新单元及两个局部存储器，其中神经元膜电位 $V(t)$、突触权重矩阵 $W^{(l)}$、随机反馈矩阵 $B^{(l)}$、最大膜电位 V_{max} 存储在神经元状态存储器中，脉冲轨迹的最新备份值 P_{max} 存储在 trace 备份存储器中。在学习模式下，当处理器完成训练样本时间窗口内所有时间步的前向计算后，权重更新单元基于式（6.5）和式（6.7）完成 DeepTempo 学习规则中的误差计算和突触权重更新。在推理模式下，trace 更新单元、trace 备份单元和权重更新单元将停止工作。"魔法棒-I"神经形态处理器架构的特点和优势包括以下几方面。

（1）层次化多核架构：该处理器采用层次化多核架构，包含一组并行的宏处理核，而每个宏处理核进一步由并行的微处理核阵列组成。由于 FC-SNN 仅由前馈层组成，没有复杂的拓扑结构，所以宏处理核可以和 FC-SNN 层进行简单的映射，并通过简化的脉冲表示和核间通信机制来加速层间并行处理。为了进一步提高处理速度，处理器将每个 FC 层的神经元计算平均分配到每个宏处理核内多个并行的微处理核上。因此，这种层次化多核架构具有通信机制简单、可高速并行处理的优势。

（2）片上多层 SNN 学习能力："魔法棒-I"神经形态处理器支持多层 SNN 学习规则 DeepTempo，可以在芯片上进行端到端训练，并能够基于并行处理核提高学习帧率，尤其是充分利用了 DFA 框架的时空局域性，不需要逐层传递误差，从而实现了大规模并行学习。

（3）动态可重构并行机制：处理器中的宏处理核可以在两种不同的阵列并行模式之间切换，以匹配不同阶段的计算模式加速需求。在前向计算阶段中，宏处理核被配置为基于时间步流水并行模式，如图 6.3 上半部分所示。当一个宏处理核正在处理第 l 层时间步 t 的突触前脉冲事件时，负责 $l+1$ 层的宏处理器核正在运行上一个时间步 $t-1$ 涉及的操作。当处理器在完成输入样本的前向阶段计算后，若处理器需要学习该样本，则进入反向计算阶段，此时所有的宏处理核从流水并行模式重构为基本的阵列并行模式，完成各层神经元的 DFA 误差计算及突触权重更新，如图 6.3 下半部分所示。在这两个阶段中，每个宏处理核中的微处理核均

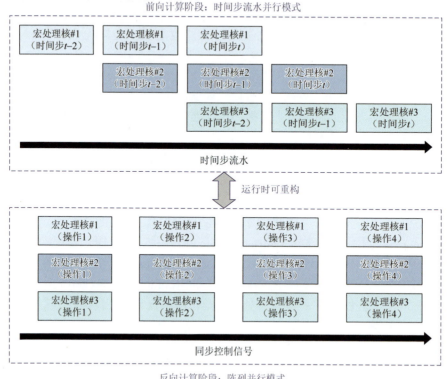

图 6.3　宏处理核的动态可重构并行机制[4]

处于基本的阵列并行模式，以便加速相关计算。通过这种动态可重构并行机制，可以高效分配片上计算资源，从而实现高速片上学习和推理。

（4）准事件驱动（quasi event driven，QED）特性：在某个时间步，若脉冲标志乒乓缓存器的通道为空，则微处理核中除神经元泄漏单元外的所有计算单元操作将被跳过，并且缓存器中存储的 0 值（表示所有神经元各自对应的突触上在当前时间步无脉冲到来）同样不会被处理，这使得处理器具有准事件驱动特性，从而大幅减少了不必要的计算开销和能量消耗。与标准的事件驱动（event driven，ED）规则相比，QED 中膜电位 $V(t)$ 泄漏的操作在每个时间步都必须执行，而不能在脉冲到来时才执行。然而，神经元在每个时间步上的 $V(t)$ 泄漏计算可以通过简单的移位器和加法器电路在两个时钟周期内完成，占总体处理时间的比重很小。6.2.2 节将结合具体电路设计进行详细说明。

（5）简化的脉冲通信机制：由于 FC-SNN 中各层内部神经元之间不包含任何连接，所以同一宏处理核中的微处理核之间不存在通信需求，脉冲数据只需在相邻 SNN 层对应的宏处理核之间传递，因此无须使用神经形态处理器中常用的片上网络结构和路由查找表等，从而减少了硬件成本开销，降低了脉冲数据通信延迟。

（6）良好的可扩展性：本章介绍的神经形态处理器架构具有良好的可扩展性，可支持在片上线性集成更多的处理核，或者简单地级联多个处理器芯片，以支持更大规模的 SNN 模型，从而能够应对更加复杂的物端应用任务需求。

6.2.2　关键模块电路设计

1. 微处理核中的各处理单元

图 6.4（a）～图 6.4（e）描述了微处理核中各个重要计算单元的电路逻辑，为简单起见，图 6.4（a）～图 6.4（d）的变量省略了所在宏处理核对应的层号 l。图 6.4（a）中的神经元泄漏单元仅使用一个加法器和几个基于硬连线的比特移位器来实现泄漏操作，而未使用昂贵的硬件乘法器模块。它可以为膜电位 $V_j(t)$ 选择 8 个不同的泄漏时间常数挡位：$\tau_m = 2^k(k = 4, 5, 6, \cdots, 11)$。为了尽可能减小存储器面积，处理器上的所有存储器都使用单端口同步静态随机存储器（static random access memory，SRAM），因此该单元需要两个时钟周期来完成读取 $V_j(t-1)$ 和写入计算完泄漏后的 $V_j(t)$ 到存储器的操作。

基于脉冲标志乒乓缓存器通道的每个值为 1 的 1-bit 输入脉冲标志，图 6.4（b）中的神经元积分单元串行地更新每个微处理核中的神经元膜电位。对于每个神经元 j，该单元消耗 3 个时钟周期用以从存储器读取其膜电位 $V_j(t)$ 和相应的突触权重 w_{ij}，并将它们相加，再将更新后的 $V_j(t)$ 写入存储器。该过程不断重复，直到处理完所属

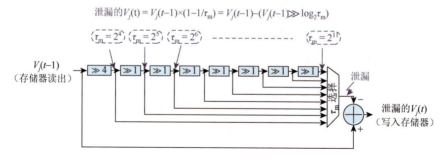

(a) 神经元泄漏单元

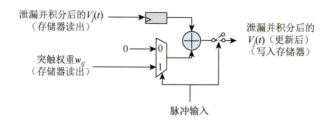

(b) 神经元积分单元

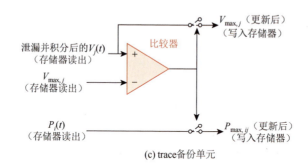

(c) trace备份单元

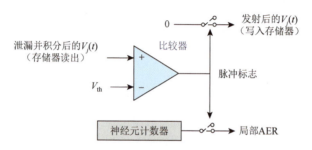

(d) 神经元发射单元

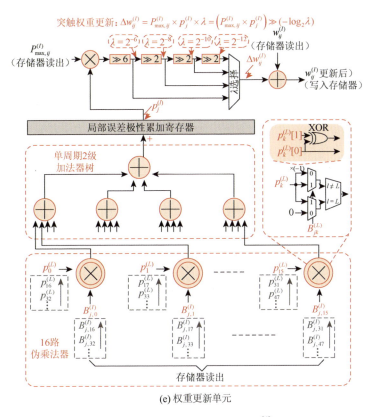

(e) 权重更新单元

图 6.4　微处理核中的计算单元[4]

微处理核中所有的 LIF 神经元，然后脉冲标志乒乓缓存器通道指针继续移动到下一个寄存器，并重复处理步骤。在这个过程中，神经元积分单元会跳过值为 0 的输入脉冲标志。由于 $V_j(t)$ 和 w_{ij} 位于同一单端口存储器中，二者无法同时读取，因此图 6.4（b）采用一个寄存器来临时寄存 $V_j(t)$。

当神经元积分单元处理完当前时间步的所有输入脉冲后，图 6.4（c）的突触前脉冲 trace 备份单元根据更新后的膜电位 $V_j(t)$ 和当前 $V_{\max, j}$ 的关系来判断是否进行 trace 备份操作。对于每个神经元，该单元花费 3 个时钟周期从神经元状态存储器读取其 $V_{\max, j}$ 和 $V_j(t)$，并进行对比。若满足 $V_j(t) > V_{\max, j}$，该单元需完成 trace 备份操作：从 trace 存储器中读出相应脉冲 trace $P_i(t)$，然后作为 $P_{\max, ij}$ 写入微处理核本地的 trace 备份存储器中。此外，还需要将 $V_j(t)$ 作为新的 $V_{\max, j}$ 值写回存储器。当不同微处理核中的 trace 备份单元同时请求对 trace 存储器进行访问时，将通过仲裁器自动排列这些请求的顺序，并依次完成。

最后，图 6.4（d）中的神经元发射单元再次从存储器中串行读取所有神经元的膜电位 $V_j(t)$，并将它们与在全局参数寄存器中配置的神经元膜电位阈值 V_{th} 进行比较，再将大于阈值的 $V_j(t)$ 清零并写回到存储器，然后将发射脉冲的神经元索引编号作为输出 AER 数据包的地址信息。该单元在处理每个神经元时需花费 2 个时钟周期。

如图 6.4（e）所示的权重更新单元主要由 16 路伪乘法器、单周期 2 级加法器树和突触权重更新电路组成。其中，伪乘法器和加法器树负责根据式（6.5）由输出层各神经元 k 的三值误差极性 $p_k^{(L)}$ 得到各层神经元的广义误差极性 $p_j^{(l)}$。然后，突触权重更新电路根据 p 的值计算公式（6.7）从而得到突触权重更新量 $\Delta w_{ij}^{(l)}$，再与旧的突触权重 $w_{ij}^{(l)}$ 相加，得到更新后的突触权重并写回存储器。其中，每个伪乘法器仅由少量逻辑门组成，用于计算 $\boldsymbol{B}^{(l)}$ 矩阵元素和输出层神经元误差极性 $p_k^{(L)}$ 的乘积。权重更新单元中的学习速率支持配置为以下 4 挡：$\lambda = 2^{-6}$、2^{-8}、2^{-10}、2^{-12}。

2. trace 更新单元

图 6.5 为宏处理核中的突触前脉冲 trace 更新单元电路，其负责计算公式（2.11），电路功能类似于图 6.4（a）的神经元泄漏单元和图 6.4（b）的神经元积分单元的组合，并采用相同的泄漏时间常数配置。图中变量省略了所在宏处理核对应的层号 l。该单元花费 2 个时钟周期来接收并处理脉冲标志乒乓缓存器输入的每个 1-bit 脉冲标记数据，更新相应 $P_i(t)$ 并写入 trace 存储器中。

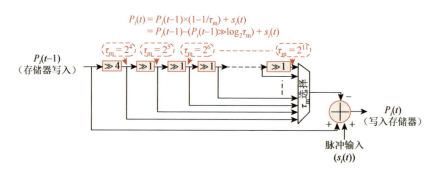

图 6.5 宏处理核中的 trace 更新单元[4]

3. 输出误差极性单元

误差极性计算单元的电路如图 6.6 所示。它带有一个 N-bit 输出神经元发射标志寄存器，可以指示每个输出神经元是否已发射过脉冲。该寄存器具有类似于宏处理核中脉冲标志乒乓缓存器的访问方式。当输出层中的神经元发射脉冲时，对应地址的脉冲 AER 的寄存器位被设置为 1。误差极性计算单元中的输出神经元标签寄存器包含每个输出神经元的类别标签，其数据在处理器开始工作之前进行配置。对于每个输出神经元，该单元根据其发射标志及神经元的标签与训练图像样本的标签匹配程度来计算其 2-bit 三值误差极性 $p^{(L)}$（2.3.3 小节），并将获得的 $p^{(L)}$ 误差流串行写入 16×2-bit 宽度的寄存器组，以便稍后广播到所有微处理核的权重更新单元中并完成权重更新。

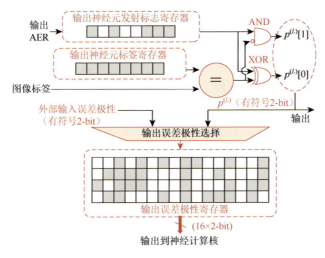

图 6.6　误差极性单元电路[4]

6.3　"魔法棒-Ⅰ"神经形态处理器芯片原型实现及测试

6.3.1　ASIC 原型芯片及性能测试

"魔法棒-Ⅰ"神经形态处理器芯片采用 1P9M 65 nm CMOS 工艺流片制造。该原型芯片拥有 $M_1 = 4$ 个宏处理核，每个宏处理核包含 $M_2 = 4$ 个微处理核。每个宏处理核最多可以运行 $N = 256$ 个 LIF 神经元，每个神经元最多支持 $N = 256$ 个突触。因此，该芯片最大可以实现 $256 \times 4 = 1024$（即 1 K[①]）神经元和 256 K 神经突触。芯片的裸片面积为 5.30 mm×2.89 mm = 15.32 mm²，其中内核部分（不包括 PAD）为 10.39 mm²，大部分芯片面积消耗在总容量为 806 KB 的多块单端口同步 SRAM 存储器上。图 6.7 为原型芯片的显微照片和测试系统，原型芯片安装在测试 PCB 板上，并与另一块用作控制和数据中转的 FPGA 芯片连接，后者通过以太网端口与主机 PC 通信。

芯片内核面积和功耗分布如图 6.8 所示，芯片参数和性能测量结果如表 6.1 所示。芯片工作内核电压为 1.2 V，时钟频率为 83 MHz，在 16×16 分辨率的下采样 MNIST 图像上训练四层 256-256-256-256-200（依据 2.2.1 小节的规定，其中第

---

① 1 K = 1024。

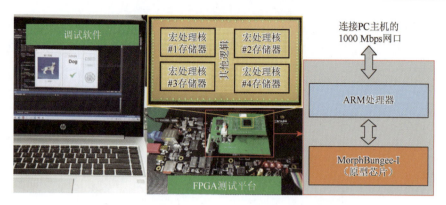

图 6.7　"魔法棒-I"原型芯片显微照片及测试系统[4]

一个 256 表示输入节点数,并不算作一个计算层) FC-SNN 模型时的帧率为 87 fps,峰值功耗为 106 mW。输入编码采用 TTFS 编码,输出脉冲解码采用可靠性更强的群体决策解码。该芯片在 MNIST 测试集上实现了 96.29%的高识别率,训练结束后的平均片上推理帧率为 237 fps。在更具挑战性的 Fashion-MNIST 和 ETH-80 数据集上则分别达到了 84.95%和 86.13%的较高识别率。

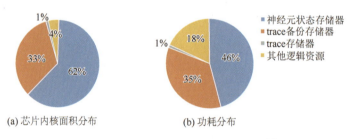

　　　　　(a) 芯片内核面积分布　　　　　　(b) 功耗分布

图 6.8　芯片面积和功耗详细分布情况[4]

　　该芯片也可以直接处理来自 DVS 的 AER 事件流。为了验证芯片在 DVS 数据集上的性能,这里使用 MNIST-DVS 和 Poker-DVS 数据集进行实验,它们由动态视觉传感器（DVS）记录的连续 AER 事件流组成,相关介绍见 2.4.5 小节。实验中在空间上将 DVS 数据集下采样为 16×16 分辨率,并按照每个时间步分配一个脉冲的频率对 AER 事件流进行重定时,以减少测试时间。对每个 DVS 数据集,均随机选择 80%的 AER 事件流用于训练,剩余的用于测试。这里,分别将 MNIST-DVS 或 Poker-DVS 数据集中每个事件流的每 300 个和每 200 个连续事件分割为 1 个 AER 段作为训练或测试样本。原型芯片在预处理后的 MNIST-DVS 和 Poker-DVS 数据集上分别达到了 85.07%和 100%的分类识别率,在学习和推理期间的脉冲峰值吞吐率分别为 122 K 事件/s 和 138 K 事件/s。

　　本章在基准 MNIST 数据集上测量了芯片每个 SOP 的增量能量效率,简称增量能效，具体测量方法如下：①首先，用芯片在处理 MNIST 样本脉冲序列时测得的功耗减去芯片在不接收处理任何脉冲输入时的闲置功耗，将得到的结果作为样本图像处理的平均功耗；②然后，每幅图像的平均能耗则由该平均功耗（单位时间消耗能量）除以帧率（单位时间处理图像数）得到；③最后，用得到的每幅图像的平均能耗除以每幅图的平均 SOP 个数，即芯片 SOP 增量能效。由于这里介绍的芯片架构是面向 FC-SNN 模型的，所以处理一个输入样本的 SOP 数量是该样本输入脉冲个数和芯片内部产生的脉冲个数之和乘以每个神经元的突触数量（在本章实验中为 256）。如表 6.1 列出的测量结果所示，芯片学习和推理过程中测得的平均增量能效分别为 97 pJ/SOP 和 30 pJ/SOP。

表 6.1　芯片测试结果

工艺	65 nm 1P9M CMOS
实现	数字 ASIC
芯片面积(裸片/内核)/mm^2	15.32/10.39
神经元数量/K	1
突触数量/K	256
片上学习规则	DeepTempo
时钟频率/MHz	83
供电电压/V	内核 1.2，I/O 3.3
芯片功耗/mW	106
吞吐率/fps（16×16 MNIST 图像）	87（学习） 237（推理）
计算能效/(pJ/SOP)（16×16 MNIST 图像）	97（学习） 30（推理）

6.3.2　工作对比

表 6.2 将本章实现的"魔法棒-I"神经形态处理器芯片与国内外前沿数字神经形态处理器芯片进行了比较①。一些研究将处于正常工作状态的芯片总能耗全部归因于 SOP，即式（4.13）中定义的 E_{SOP}，为了便于和 6.3.1 小节的增量能效区分，表 6.2 将此类能效指标称为全局能效。与大型通用神经形态芯片 SpiNNaker[5]、TrueNorth[6]和 Loihi[7]相比，本章介绍的"魔法棒-I"神经形态处理器芯片只占用较小的硅片面积，并且芯片 SOP 能效指标更优，更适合对能效指标有较高要求

---

① 表格中对比的神经形态处理器芯片截至本章介绍的处理器芯片[3]发表之前。

表 6.2 数字神经形态处理器芯片对比

芯片	工艺	芯片面积/mm²	片上学习规则（输入编码）	MNIST 片上学习识别率/%	时钟频率	内核电压/V	芯片功耗	MNIST 数据集上处理帧率(fps)	能量效率
SpiNNaker[5]	0.13 μm	101.64	可编程	N/A	180 MHz	1.2	1 W	N/A	26.6 nJ/SOP（推理）▲
TrueNorth[6]	28 nm	430	不支持（速率编码）	N/A	N/A	0.7~1.05（典型 0.775）	65 mW	N/A	26 pJ/SOP（推理）▲
Loihi[7]	14 nm FinFET	60	可编程	96	N/A	0.5~1.25（典型 0.75）	N/A	N/A	120 pJ/SOP（学习）△ 23.6 pJ/SOP（最小）△
Knag's[8]	65 nm	4.45（内核 3.06）	SAILnet（无输入编码）	N/A	310 MHz	1.0	218 mW	N/A	1.21 nJ/pixel（学习）▲ 176 pJ/pixel（推理）▲
Darwin[9]	180 nm	25	不支持（速率编码）	N/A	70 MHz	1.8	58.8 mW	6.25（推理）	N/A
ODIN[10]	28 nm FDSOI	0.086（仅内核）	SDSP（次序编码）	84.5[b]	100 MHz	0.55~1.0（典型 0.55）	477 μW	N/A	8.4 pJ/SOP（学习）△
Chen's[11]	10 nm FinFET	1.72	STDP（速率编码）	89[c]	506 MHz	0.525~0.9（典型 0.9）	N/A	N/A	16.8 pJ/SOP（学习）△ 8.3 pJ/SOP（推理）△
MorphIC[12]	65 nm	3.5	统计 SDSP（速率编码）	N/A	210 MHz	0.8~1.2（典型 0.8）	26.8 mW	N/A	30 pJ/SOP（学习）△
Tang's[13]a	65 nm	0.39（仅内核）	基于脉冲计数（速率编码）	87.4	384 MHz	1.2	N/A	N/A	1.42 pJ/SOP（学习）△ 0.26 pJ/SOP（推理）△
Kim's[14]a	65 nm	5.98（仅内核）	STDP（速率编码）	96.6[d]	333 MHz	1.2	N/A	N/A	5.8 nJ/neuron（学习）▲ 781.5 pJ/pixel（推理）▲

续表

芯片	工艺/nm	芯片面积/mm²	片上学习规则（输入编码）	MNIST 片上学习识别率/%	时钟频率	内核电压/V	芯片功耗	MNIST 数据集上处理帧率（fps）	能量效率
Liu's[15]	130	1.99（仅内核）	不支持（TTFS 编码）	N/A	100 MHz	1.2	77 mW	N/A	35 pJ/SOP（推理）▲
Chundi's[16]	65	1.99（仅内核）	不支持（速率编码）	N/A	70 kHz	0.52~1.0（典型 0.52）	305 nW	2（推理）	1.5 pJ/SOP（推理）▲
MorphBungee-I	65	15.32（内核 10.39）	DeepTempo（TTFS 编码）	96.29	83 MHz	1.2	106 mW	87（学习）237（推理）	97 pJ/SOP（学习）△ 30 pJ/SOP（推理）△

a 未流片，所有结果均通过软件程序模拟或 EDA 工具估算。
b 在片外使用了图像域去偏斜和软阈值预处理。
c 在片外使用了图像域高斯滤波预处理。
d 在芯片上只训练了一个稀疏特征编码器，在芯片外训练和使用了一个功能强大的 SVM（而非 SNN）分类器。
△增量能效，即除消耗的静态能量（包括空闲状态下的内存能量）和时钟树能量外，每个 SOP 消耗的额外能量。
▲全局能效，计算方式为静态和动态能耗总和除以所运行的 SOP 操作数目。

的物端智能应用。在表 6.2 中，"魔法棒-I"实现了端到端片上实时多层/深度学习，并在功耗和 SOP 能效指标合适的情况下具有高速度高识别率的优势。文献[8]和文献[14]中芯片的片上学习规则仅用于稀疏特征提取中，而无法实现特征分类功能，其中文献[14]采用基于片外非脉冲型的、软件实现的支持向量机分类器，才能达到 96.6%的高识别率。相比之下，"魔法棒-I"神经形态处理器芯片在视觉识别任务中支持片上端到端深度学习。为了降低硬件复杂度和减小芯片面积，文献[13]中芯片的权重更新规则基于脉冲统计信息，未能充分利用脉冲发射时刻的精确信息，故片上学习识别率偏低。ODIN[10]和 MorphIC 芯片[12]以高能效和低面积成本为目标，实现了小型 SNN 和简单的片上 SDSP 学习，但只能训练一个 SNN 层。ODIN 芯片在 MNIST 数据集上实现的片上学习识别率仅为 84.5%，而 MorphIC 处理器仅在一组简笔画图案数据集上测试其片上学习性能，其挑战性远小于 MNIST 数据集。本章介绍的"魔法棒-I"神经形态处理器芯片支持片上深度 SNN 学习，并为实际物端智能系统提供了高识别率。需要指出的是，"魔法棒-I"神经形态处理器芯片比表 6.2 中几乎所有其他小型物端神经形态芯片的面积都大，同时能效相对较低。其原因是为了最大限度地保证片上学习识别率，芯片中的所有突触权重均以较高的 16-bit 精度表示和存储，如图 6.8 所示，这些权重占据了大量片上存储面积和功耗。在后文将要介绍的"魔法棒-I"神经形态处理器芯片中，通过软硬件协同优化设计，并采用一系列优化技术来降低芯片面积和运行功耗，使其更符合物端智能系统的严格要求。

参 考 文 献

[1] Nøkland A. Direct feedback alignment provides learning in deep neural[C]//Proceedings of the 30th International Conference on Neural Information Processing Systems（NIPS），Barcelona Spain，ACM，2016.

[2] Shi C，Wang T X，He J X，et al. DeepTempo：A hardware-friendly direct feedback alignment multi-layer tempotron learning rule for deep spiking neural networks[J]. IEEE Transactions on Circuits and Systems Ⅱ：Express Briefs，2021，68（5）：1581-1585.

[3] Wang T X，Wang H B，He J X，et al. MorphBungee：An edge neuromorphic chip for high-accuracy on-chip learning of multiple-layer spiking neural networks[C]//2022 IEEE Biomedical Circuits and Systems Conference（BioCAS），Taipei，China：IEEE，2022：255-259.

[4] 王腾霄. 面向边缘端应用的脉冲神经网络算法与类脑芯片设计[D]. 重庆：重庆大学，2022.

[5] Painkras E，Plana L A，Garside J，et al. SpiNNaker：A 1-W 18-core system-on-chip for massively-parallel neural network simulation[J]. IEEE Journal of Solid-State Circuits，2013，48（8）：1943-1953.

[6] Akopyan F，Sawada J，Cassidy A，et al. TrueNorth：Design and tool flow of a 65mW 1 million neuron programmable neurosynaptic chip[J]. IEEE Transactions on Computer-Aided Design of Integrated Circuits and Systems，2015，34（10）：1537-1557.

[7] Davies M，Srinivasa N，Lin T H，et al. Loihi：A neuromorphic manycore processor with on-chip learning[J]. IEEE Micro，2018，38（1）：82-99.

[8] Knag P，Kim J K，Chen T，et al. A sparse coding neural network ASIC with on-chip learning for feature extraction and encoding[J]. IEEE Journal of Solid-State Circuits，2015，50（4）：1070-1079.

[9] Ma D，Shen J C，Gu Z H，et al. Darwin：A neuromorphic hardware co-processor based on spiking neural networks[J]. Journal of Systems Architecture，2017，77：43-51.

[10] Frenkel C，Lefebvre M，Legat J D，et al. A 0.086-mm^2 12.7-pJ/SOP 64k-synapse 256-neuron online-learning digital spiking neuromorphic processor in 28-nm CMOS[J]. IEEE Transactions on Biomedical Circuits and Systems，2019，13（1）：145-158.

[11] Chen G K，Kumar R，Sumbul H E，et al. A 4096-neuron 1M-synapse 3.8-pJ/SOP spiking neural network with on-chip STDP learning and sparse weights in 10-nm FinFET CMOS[J]. IEEE Journal of Solid-State Circuits，2019，54（4）：992-1002.

[12] Frenkel C，Legat J D，Bol D. MorphIC：A 65-nm 738k-synapse/mm^2 quad-core binary-weight digital neuromorphic processor with stochastic spike-driven online learning[J]. IEEE Transactions on Biomedical Circuits and Systems，2019，13（5）：999-1010.

[13] Tang H，Kim Heetak，Kim Hyeonseong，et al. Spike counts based low complexity SNN architecture with binary synapse[J]. IEEE Transactions on Biomedical Circuits and Systems，2019，13（6）：1664-1677.

[14] Kim H，Tang H，Choi W，et al. An energy-quality scalable STDP based sparse coding processor with on-chip learning capability[J]. IEEE Transactions on Biomedical Circuits and Systems，2020，14（1）：125-137.

[15] Liu Y C，Qian K，Hu S G，et al. Application of deep compression technique in spiking neural network chip[J]. IEEE Transactions on Biomedical Circuits and Systems，2020，14（2）：274-282.

[16] Chundi P K，Wang D W，Kim S J，et al. Always-on sub-microwatt spiking neural network based on spike-driven clock-and power-gating for an ultra-low-power intelligent device[J]. Frontiers in Neuroscience，2021，15：684113.

第7章　多层 SNN 片上学习神经形态处理器：MorphBungee-II

第 6 章介绍了 MorphBungee-I（魔法棒-I）神经形态处理器，本章将介绍 MorphBungee-II（魔法棒-II）[1]处理器，主要展示如何通过软硬件协同优化来大幅提升芯片的性能指标。在算法模型层面，在第 6 章介绍的 DeepTempo 算法的基础上，采用限制脉冲发射次数、混合精度量化随机反传矩阵、随机舍入权重更新等面向硬件的算法优化技术，提升计算效率，并且大幅减少片上存储资源需求，有效减小芯片面积并降低能量消耗。在硬件架构和逻辑设计层面，则采用事件驱动的层次化多核处理器架构、可配置的双层次阵列并行机制、高效的处理核内/核间脉冲通信机制等优化技术，充分提升芯片的吞吐性能和能量效率。在应用层面，不仅在图像识别任务中验证"魔法棒-II"芯片的性能，还将其应用扩展到卫星云图分割、嗅觉分类、新闻文本分类等多样化智能任务中。实验结果表明，"魔法棒-II"神经形态处理器芯片能够以高速率、低功耗处理多样化的物端智能任务，并且均能达到较高的片上学习识别率。

7.1　DeepTempo 学习规则优化

本章在第 6 章介绍的 DeepTempo 算法的基础上，采用限制脉冲发射次数、混合精度量化随机反传矩阵、随机舍入权重更新等面向硬件的优化技术对算法进行深入优化，有效减小芯片面积并降低了能耗。下面将依次对上述算法优化技术进行介绍。

1. 限制脉冲发射次数

在训练和推理过程中，本章优化的 DeepTempo 算法限制模型的每个 LIF 神经元最多发射一次脉冲，LIF 神经元一旦发射脉冲，就会立即进入静息状态，并不再对后续输入脉冲进行任何响应，直到下一个输入样本出现。这种"单次发射"方案不仅大幅降低了计算开销，提升了处理器的吞吐率，还节约了用于缓存脉冲事件的片上存储空间，极大地提升了硬件计算效率。在输入脉冲编码方面，采用更为高效的首次脉冲时间（TTFS）编码，该方法将每个实数型输入值编码映射为单个脉冲的出现时间（2.4.3 小节）。通过上述"单次发射"方案和 TTFS 编码方法，

SNN 模型中每个神经元的每个突触最多只能接收一个输入脉冲，因此 DeepTempo 算法权重更新公式（6.6）可简化为

$$\Delta w_i = \begin{cases} \lambda p \exp\left(-\dfrac{t_{max} - t_i}{\tau_m} \right), & 0 < t_i \leqslant t_{max} \\ 0, & \text{其他} \end{cases} \tag{7.1}$$

相比式（6.6），式（7.1）中没有指数求和运算，也无须采用脉冲轨迹 trace 机制。在硬件实现时，只需采用一个小规模查找表（LUT）预计算式（7.1）中的指数项。相比"魔法棒-Ⅰ"芯片需要较大的片上存储空间在前向过程中不断更新备份各个 trace 值，片上运行式（7.1）只需要较小的面积和功耗负担。

2. 混合精度量化随机反传矩阵

在式（6.5）中，隐藏层（$l < L$）的反传矩阵 $\boldsymbol{B}^{(l)}$ 的元素是随机选择的，有理由假设它们的精确值并不重要。事实上，实验结果同样表明 $\boldsymbol{B}^{(l)}$ 的元素即使采用 1-bit 二值表示±1，与高精度的多 bit 格式相比造成的识别率下降也可以忽略不计（具体验证结果见图 7.1）。原因在于，矩阵 $\boldsymbol{B}^{(l)}$ 的作用只是将输出误差向量随机投

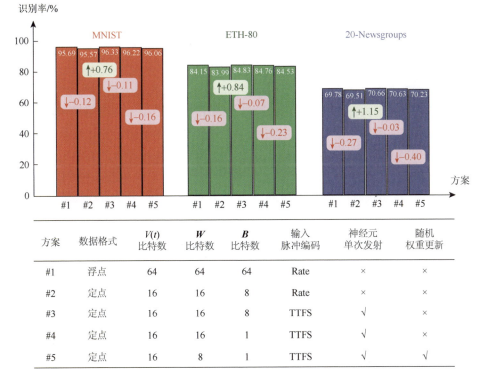

方案	数据格式	$V(t)$ 比特数	$\boldsymbol{W}$ 比特数	$\boldsymbol{B}$ 比特数	输入脉冲编码	神经元单次发射	随机权重更新
#1	浮点	64	64	64	Rate	×	×
#2	定点	16	16	8	Rate	×	×
#3	定点	16	16	8	TTFS	√	×
#4	定点	16	16	1	TTFS	√	×
#5	定点	16	8	1	TTFS	√	√

图 7.1　基于软件模拟的优化 DeepTempo 学习规则识别率评估[1]

影到各个隐藏层。若输出神经元数量足够多（如实验中的几十个到几百个），则在相同的动态范围内使用 1-bit 或多 bit 随机元素在统计上会产生大致相同的投影分布，故并不会明显影响学习精度。此外，由于输出层随机投影矩阵 $\boldsymbol{B}^{(L)} = \boldsymbol{I}$，其元素已经是二值的，表示为 1 和 0，因此 $\boldsymbol{B}^{(l)}$ 矩阵的所有元素是以混合二值表示的：在隐藏层 $l < L$ 中，逻辑值 1/0 表示数值 + 1/−1；在输出层 $l = L$ 中，逻辑值 1/0 表示数值 + 1/0。这些混合二值矩阵元素统一以 1-bit 格式进行高效存储。

3. 随机舍入权重更新

为了进一步降低芯片存储器的资源成本，"魔法棒-II" 神经形态处理器还采用基于随机舍入的权重更新技术，即在学习过程中采用 16-bit 高精度定点格式计算权重更新量，但仅以 8-bit 低精度定点格式存储更新后的突触权重，具体技术原理见5.1.2 小节。评估表明，通过采用随机舍入技术，共节约了 1.27 mm² 的片上存储面积，占整个芯片有源区面积的 15.0%。此外，值得注意的是，尽管这大幅降低了突触权重的精度，但通过应用随机舍入技术，低精度权重在统计意义上等效于高精度权重，从而将识别率损失降至最低。

为了验证上述优化措施的可行性，通过软件仿真模拟，在 MNIST、ETH-80和 20-Newsgroups 数据集上对优化的 DeepTempo 学习规则进行了评估，实验结果如图 7.1 所示。方案#1 到方案#5 通过递进的方式逐渐增加优化策略。从图中可以看出，从方案#1 到方案#2，识别率仅下降了不到 0.3%，这主要是因为神经网络模型对包括量化噪声在内的各种噪声具有较好的鲁棒性。在适当的范围，将高精度浮点突触权重量化为低精度定点格式并不会造成显著的精度损失[2, 3]。从方案#2到方案#3 采用了限制脉冲发射次数技术，可以观察到识别率反而略微增加，这是由于通过 TTFS 编码和限制 LIF 神经元单次发射具有一定的正则化效果，减少了泛化误差[4, 5]。从方案#3 到方案#4 的实验结果表明，采用混合二值低精度量化随机投影矩阵 $\boldsymbol{B}^{(l)}$ 仅造成了可忽略不计的识别率损失。最后，从方案#4 到方案#5 的实验结果表明，对权重更新采用随机舍入技术并不会对模型学习性能造成太大的影响。

7.2　"魔法棒-II" 神经形态处理器架构及电路设计

7.2.1　处理器架构及特点

图 7.2 为具备多层 FC-SNN 片上学习能力的物端神经形态处理器 "魔法棒-II" 的整体架构。其主要由 Q_M 个宏处理核、元-交叉开关矩阵（meta-crossbar）和输出误差计算单元组成。每个宏处理核都可以配置为映射某个 FC 层的部分或全部

LIF 神经元，其内部包含 Q_μ 个微处理核，用于加速神经元状态更新及突触权重更新操作。各个微处理核以时分复用的方式按顺序依次执行 LIF 神经元的更新操作。输出误差计算单元负责计算 SNN 输出层误差向量，并将误差向量广播给所有的宏处理核以完成突触权重更新。与"魔法棒-Ⅰ"的架构（图 6.2）类似，"魔法棒-Ⅱ"神经形态处理器同样采用层次化多核架构来高效映射 SNN 神经元和突触，充分挖掘了 FC-SNN 结构的规则性，降低了硬件实现的复杂度和脉冲数据通信成本。Ⅱ 代处理器与 Ⅰ 代处理器在架构层面的主要区别在于：① Ⅱ 代处理器架构中宏处理核和 SNN 层并非固定的一一映射关系，而是支持多个宏处理核的任意组合，共同映射 SNN 的某一层，宏处理核间的连接方式从简单的线性级联升级为通过元-交叉开关矩阵相连，由此大幅提升了架构的可配置性和可扩展性，有关元-交叉开关矩阵将在后文进行详细介绍；②如 7.1 节所述，由于取消了 trace 机制，所以 Ⅱ 代处理器去除了 trace 更新单元/存储器和 trace 备份单元/存储器，仅使用一个基于小规模寄存器查找表的指数单元计算泄漏衰减指数项，节约了大量芯片面积和功耗。

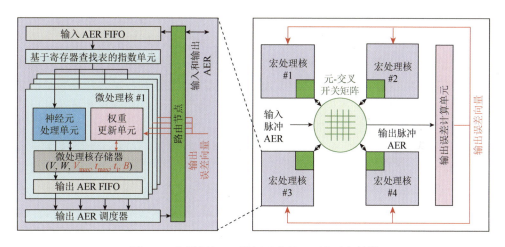

图 7.2　"魔法棒-Ⅱ"神经形态处理器芯片架构[1]

在图 7.2 中，每个微处理核支持映射的最大神经元数量为 Q_N，每个神经元的最大突触数量为 Q_{NS}，最大总突触数量为 Q_{TS}（通常情况下 $Q_{TS} < Q_N \times Q_{NS}$）。同一组 Q_N、Q_{NS} 和 Q_{TS} 参数适用于所有微处理核。此外，该架构还有一个额外的约束条件，即输出层神经元的最大数量为 Q_O（$Q_O \ll Q_N \times Q_\mu \times Q_M$）。上述架构参数都是在设计时可配置的，故可支持流片前规模扩展，能够映射规模更大、层次更深的 FC-SNN 以满足具有挑战性的应用场景需求。在完成芯片制造后，映射到每个微处理核的实际神经元数量 q_N 和每个神经元突触数量 q_{NS} 可以在启动前通过参数寄存器进行配置，只需满足约束条件 $q_N \leqslant Q_N$、$q_{NS} \leqslant Q_{NS}$ 和 $q_N \times q_{NS} \leqslant Q_{TS}$ 即可。

这意味着 q_N 和 q_{NS} 在一定程度上可以灵活折中取值。不同的微处理核可以有不同的 q_N 和 q_{NS} 值，但属于同一 FC 层宏处理核中的微处理核的 q_{NS} 必须相同，因为在 FC 结构中，同一层的所有神经元具有相同数量的突触。通过为微处理核配置不同数量的神经元和突触，并通过元-交叉开关矩阵配置宏处理核之间的连接关系，可以在处理器上灵活映射不同的 FC-SNN 拓扑结构。

"魔法棒-II" 神经形态处理器架构具备如下特点和优势。

1. 完全事件驱动的数据流

处理器中的脉冲事件被打包为 AER 格式进行通信，但与"魔法棒-I"的准事件驱动（QED）机制不同，"魔法棒-II"是完全事件驱动（ED）的：对于图 7.2 中任意的宏处理核，只有其内部输入 AER FIFO 非空时，该宏处理核才会被激活并进行神经元状态计算，所以全事件驱动可以大幅减少计算开销，缩短处理延迟，节约能量消耗。在图 7.2 中，为了实现宏处理核中各个神经元在生成输出 AER 时具有唯一的索引地址编号，由微处理核提供的 AER 地址在进入输出 AER FIFO 前需要进行偏移。若映射到某微处理核中的第一个神经元是映射到整个宏处理核所有神经元的第 J 个，而该微处理核发射的 AER 地址为 j（$j = 0, 1, 2, \cdots$），那么输出 AER 数据包中的最终地址信息为 $J_M = J + j$。在输入 AER 和处理器内部生成的 AER 全部处理完毕后，输出误差计算单元计算输出层的误差向量，并将其分量串行广播到所有处理核中，以进行片上学习，此误差分量同样可以被视为一种特殊类型的事件，即误差事件。因此，"魔法棒-II"神经形态处理器是完全事件驱动的，只有当输入 AER FIFO 非空时，才会激活神经元状态更新，或者当微处理核接收到输出误差计算单元广播的误差向量时，才会激活突触权重更新。这种机制显著提升了处理器的计算效率和能量效率。图 7.3 为完全事件驱动的处理器数据流。

2. 基于元-交叉开关矩阵和核内隐式多播机制的高效脉冲路由机制

元-交叉开关矩阵巧妙利用了 FC 结构的规则连接方式，实现了高效的核间脉冲路由。如图 7.4 所示，来自宏处理核或处理器外部输入的 AER 事件被送入元-交叉开关矩阵，并通过开关阵列中的链路开关配置到达目的地宏处理核。在目的地宏处理核中，由于 FC 拓扑的特性，映射到该宏处理核中所有微处理核的 LIF 神经元均被隐式地视为全连接到该 AER 事件。同时，各个微处理核从各自本地存储器中依次取出各个神经元对应的突触权重完成膜电位更新。通过这种方式隐式地实现了微处理核内部的脉冲多播，无需任何额外的硬件开销。通过将元-交叉开关矩阵和核内隐式多播机制结合，在满足前述神经元和突触数量限制的前提下，处理器可以灵活实现不同的 FC-SNN 拓扑结构，如图 7.4 所示。

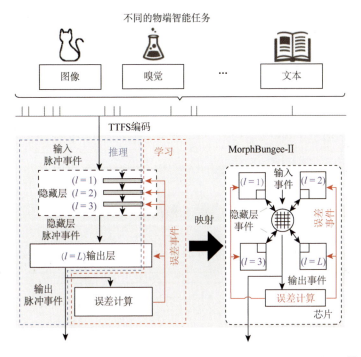

图 7.3　"魔法棒-Ⅱ"神经形态处理器架构中的事件驱动处理数据流[1]

由于 AER 数据包的任何目的节点（即宏处理核或处理器输出 AER 端口）都可以通过图 7.4 中的元-交叉开关矩阵连接到多个源节点（即宏处理核或处理器输入 AER 端口），所以来自不同源节点 AER 数据包中的地址信息必须在元-交叉开关矩阵中进行偏移，以确保其唯一性。假设有多个作为源节点的宏处理核连接到同一目的节点，若对于某个特定的宏处理核，假设其第一个神经元是所有源节点全体神经元排序后的第 C 个，则来自该源节点的 AER 数据包中的地址 J_M 将被偏移 C，即 $J_C = J_M + C$。元-交叉开关矩阵所有节点间的连接关系由参数寄存器配置设定。AER 地址偏移在图 7.4 中的 AER 调度器模块中具体执行。值得注意的是，通过采用这种横跨宏处理核和元-交叉开关矩阵的分层地址偏移方案，AER 数据包中的地址空间是完全连续的，从而有利于充分利用存储资源并简化访存操作。

3. 层次化、可重构阵列并行

如图 7.5 所示，"魔法棒-Ⅱ"神经形态处理器采用层次化的宏处理核/微处理核多核架构，具有运行时可重构混合并行的特性。在前向计算阶段，不同 FC-SNN 层的宏处理核由各自输入的突触前脉冲 AER 驱动，且独立工作。一旦某个宏处理核的输入 AER FIFO 不为空，就会激活该宏处理核读取并处理 AER 数据，而

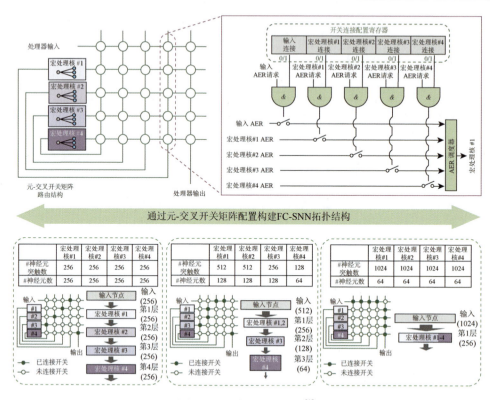

图 7.4　元-交叉开关矩阵[1]

与其他宏处理核的状态无关。在反向计算阶段，所有宏处理核都被重构配置为阵列并行模式，并同步接收输出误差计算单元广播的误差向量，然后进行突触权重更新操作。无论在前向计算阶段还是反向计算阶段，所有宏处理核中的微处理核均被配置为基本的阵列并行模式，以加快处理速度。这种层次化、可重构的并行机制，充分提升了处理器片上学习和推理识别的数据吞吐率。

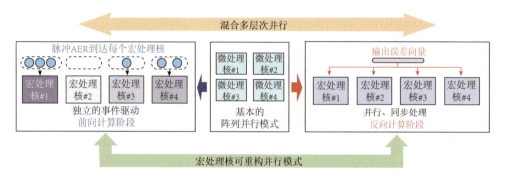

图 7.5　多核处理阵列中的层次化、可重构并行机制[1]

4. 实时、高精度片上学习能力

本章介绍的"魔法棒-II"神经形态处理器支持实时、高精度的片上多层 FC-SNN
学习，采用 7.1 节所述的面向硬件优化的 DeepTempo 学习规则。得益于 TTFS 输入
脉冲编码和 LIF 神经元"单次发射"方案，大幅节约了每个神经元在学习过程中的
计算量。层次化的阵列并行模式进一步加速了学习过程，最终实现了高速实时片上
学习和推理。7.3.1 小节将展示"魔法棒-II"神经形态处理器在各种物端智能任务中
的片上学习识别率。

7.2.2　关键模块电路设计

如图 7.2 所示，"魔法棒-II"神经形态处理器架构中的关键模块主要包括基于
寄存器查找表的指数单元、神经元处理单元、权重更新单元和输出误差计算单元，
下面将分别进行介绍。类似 6.2.2 小节，为简洁起见，部分文字和图描述里省略了
变量所在宏处理核对应的层号 l，有些还省略了神经元索引编号 j。

1. 基于寄存器查找表的指数单元

图 7.6 展示了基于寄存器查找表的指数单元电路图，该单元用于快速获取
式（2.3）和式（7.1）中的指数项。在该指数单元中，查找表的容量为 8-bit 位宽
（无符号纯小数格式）×256 深度（处理器支持的最大时间窗口长度）。查找表

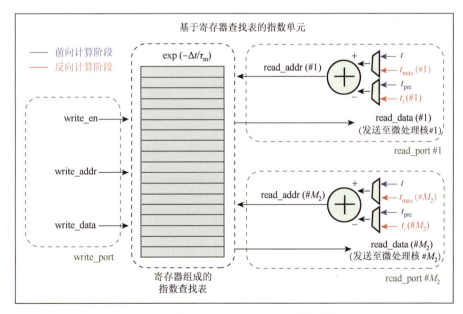

图 7.6　基于寄存器查找表的指数单元[1]

有一个写入端口，用于加载预计算的 $\exp(-\Delta t/\tau_{\mathrm{m}})$ 的函数值，还有 M_2 个读取端口，每个端口对应一个微处理核。在前向计算阶段，当计算公式（2.3）中的指数项时，由于同一宏处理核所属微处理核中的神经元具有相同的 t 和 t_{pre}，因此查找表的读地址均相同，即 $\Delta t = t-t_{\mathrm{pre}}$。宏处理核负责计算 t 和 t_{pre} 的值并将其发送给指数单元，从而获得 M_2 个相同的查找表读地址，并读出 M_2 个相同的值给微处理核进行神经元膜电位更新。在反向计算阶段，微处理核基于本地保存的 t_{max} 和 t_i 计算出相应的读地址 $\Delta t = t_{\mathrm{max}}-t_i$，然后从查找表中读取相应的指数项以计算公式（7.1）。

2. 神经元处理单元

图 7.7（a）为微处理核中神经元处理单元的电路图，该单元负责在前向计算阶段串行更新各个 LIF 神经元的状态。当宏处理核接收到 AER 数据包时，首先访问指数单元中的查找表来获取指数泄漏项，然后将 AER 数据包和指数泄漏项发送至所有微处理核中的神经元处理单元，并计算公式（2.3）。需要注意的是，当前后两个 AER 数据包的时间戳相同时（即 $t = t_{\mathrm{pre}}$），指数泄漏项的值应该为 1，但 8-bit 小数格式的查找表无法精确表示整数 1，所以在图 7.7（a）的电路中引入一个多路选择器来解决这个问题。在图 7.7（a）中，通过脉冲发射标志寄存器（fire_flag_regs）来实现"单次发射"方案。在处理每个样本前，将所有标志寄存器的值清零，一旦某神经元发射了脉冲，则该神经元对应的标志寄存器被置为 1。对于后续输入的 AER 数据包，已发射过脉冲的神经元的所有操作都被跳过。基于这种机制，可以不必在神经元发射脉冲后立即复位膜电位，而是在下一个样本开始输入前将所有神经元的膜电位初始化为 0。

为了减少芯片面积和功耗，该神经元处理单元中的存储器均采用单端口 SRAM。图 7.7（b）展示了 16-bit 位宽微处理核存储器内部的数据组织方式。其中，V_j 和 $V_{\mathrm{max},j}$ 为 16-bit 有符号整数，矩阵 $\boldsymbol{W}$ 的元素、t_i 和 $t_{\mathrm{max},j}$ 为 8-bit 整数，混合二值矩阵 $\boldsymbol{B}$ 的元素为 1-bit。因此，微处理核存储器中的每个 16-bit 条目可以保存以下信息之一：①1 个 V_j 变量；②1 个 $V_{\mathrm{max},j}$ 变量；③$\boldsymbol{W}$ 的 2 个元素；④2 个 t_i 数据；⑤2 个 $t_{\mathrm{max},j}$ 数据；⑥$\boldsymbol{B}$ 的 16 个元素。微处理核根据 AER 数据包中的地址 i、参数寄存器指定的相关地址偏移及正在处理的神经元索引 j 来计算本地存储器地址和相关数据的 2-bit 读写字节选择信号，详见图 7.7（b）。

图 7.7（c）和图 7.7（d）分别为神经元处理单元在学习阶段和推理阶段中处理每个神经元时，本地微处理核存储器的读写访问时序图。对于每个 LIF 神经元，图 7.7（a）中 V_j 的更新、脉冲发射判断、脉冲发射标志寄存器更新和 AER 数据包输出等简单操作都被图 7.7（c）和图 7.7（d）中分配给 V_j 的写周期覆盖。同样，图 7.7（a）中的 $V_{\mathrm{max},j}$ 和 $t_{\mathrm{max},j}$ 更新判断也是在为其分配的存储器写周期内完成的。因此，神经元处理单元的处理时间开销被融合进了微处理核存储器的写周期中，

而不会带来额外的时间开销。如图 7.7（c）和图 7.7（d）所示，在学习和推理阶段，处理一个 LIF 神经元分别仅需 6 个和 3 个时钟周期。

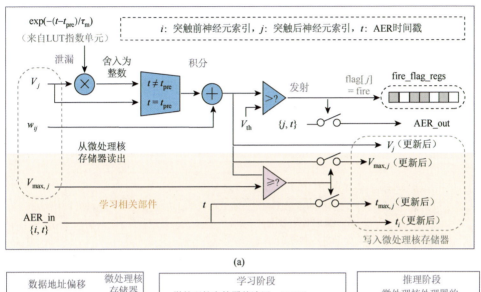

(a)

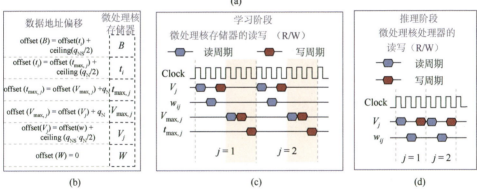

图 7.7　神经元相关状态变量更新机制：

（a）神经元处理单元电路；（b）微处理核存储器数据组织方式；（c）和（d）微处理核存储器读写时序图（分别对应片上学习和推理过程中对每个 LIF 神经元的顺序处理）[1]

3. 权重更新单元

如图 7.8 所示的权重更新单元主要包含一个基于 16 路乘法累加器（multiply accumulate，MAC）的局部误差计算器、一个权重更新量计算器和一个随机权重更新计算器。MAC 由 16 个并行的低成本 2 bit×1 bit 乘法器和一个单周期 16-to-1 加法器树组成。在每个时钟周期，输出误差计算单元广播的输出误差向量 $\boldsymbol{p}^{(L)}$ 的 16 个分量与从微处理核存储器读取的反传矩阵 $\boldsymbol{B}^{(l)}$ 的 16 个相应元素进行乘加操作，并将中间结果累加到局部误差累加寄存器中。当所有元素完成乘加操作后，神经元将获得局部误差 $p_j^{(l)}$，然后权重更新量计算部件根据式（7.1）求得该神经元每个突触权重的 16-bit 权重更新量 $\Delta w_{ij}^{(l)}$（1-bit 符号位、7-bit 整数和 8-bit 小数）。与图 7.7（a）中神经元处理单元的情况类似，图 7.8 左下方引入了一个多路选择器，用于应对 $t_i = t_{\max, j}$ 时，衰减指数查找表的纯小数格式无法表达数值 1 的问题。用户可配置的学习速率为 $\lambda = 2^{-(D+1)}$，其中 D 是一个 4-bit 寄存器，覆盖 0～15 的整数范围，这样一来与学习速率相乘的计算可以通过简单的移位操作实现，而无须使用硬件乘法器，如图 7.8 所示，整个处理器由此节省了 $Q_{\mathrm{M}} \times Q_{\mu}$ 个昂贵的乘法器。最后，16-bit $\Delta w_{ij}^{(l)}$ 被随机舍入为 8-bit 整数，其中 $\Delta w_{ij}^{(l)}$ 的 8-bit 小数部分为概率 P，将其与线性反馈移位寄存器（linear feedback shift register，LFSR）生成的另一个 8-bit 随机变量 R 进行比较，以确定向上舍入还是向下舍入，具体实现原理见 5.1.2 小节。

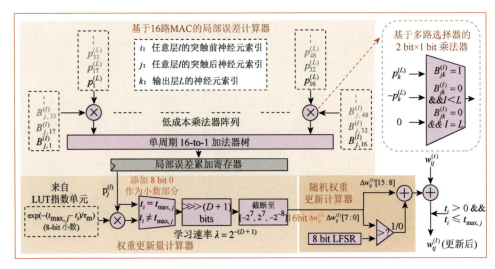

图 7.8　权重更新单元[1]

4. 输出误差计算单元

输出误差计算单元电路如图 7.9 所示，主要包含：①一个 Q_{O}-bit（Q_{O} 表示最大输出神经元数量，如 7.2.1 小节所述）的输出脉冲发射标志寄存器，其每个 bit 指示相应的输出神经元是否已发射脉冲（1 表示发射过脉冲，0 表示未发射过脉冲）；②一个 Q_{O}-bit 的输出目标标志寄存器，对于当前训练样本，其每个 bit 指示相应的输出神经元是否属于该训练样本类别的目标神经元（1 表示是，0 表示否），在每个训练样本输入前，输出脉冲发射标志寄存器会被清零，而输出目标标志寄存器的值由用户从外部配置；③一个输出误差寄存器对于每个输出神经元 k，输出误差计算单元读取相应的目标标志（target-flag[k]）和脉冲发射标志（fire-flag[k]），并按 2.3.3 小节介绍的方式计算出 2-bit 输出误差分量 $p_k^{(L)}$，这些分量先被保存到输出误差寄存器，随后输出误差计算单元每次将 16 个 2-bit 输出误差分量组合在一起，广播给所有宏处理核中的微处理核进行突触权重更新。

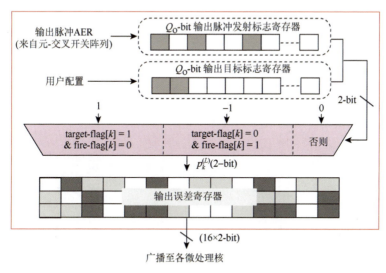

图 7.9　输出误差计算单元[1]

7.3　"魔法棒-II"神经形态处理器芯片原型实现及测试

7.3.1　ASIC 原型芯片及性能测试

"魔法棒-II"神经形态处理器的原型芯片采用 1P9M 65 nm CMOS 工艺制造。表 7.1 总结了原型芯片架构参数。该芯片共有 $Q_M = 4$ 个宏处理核，每个宏处理核包含 $Q_\mu = 4$ 个微处理核。芯片最多可映射 $Q_M \times Q_\mu \times Q_N = 4$ K 个 LIF 神经元和 $Q_M \times Q_\mu \times Q_{TS} = 256$ K 神经突触。芯片总面积为 10.65 mm²，其中有源区面积（不包括焊盘）为 7.2 mm²，大部分消耗在总容量为 512 KB 的单端口 SRAM 存储器上。图 7.10 显示了芯片显微照片和测试系统。原型芯片安装在 PCB 板上，并与 FPGA 芯片相连，通过 1000 MB/s 以太网口与主机通信。整个系统的控制、输入脉冲编码和识别结果显示均由课题组研究人员开发的计算机软件完成。

表 7.1　原型芯片架构参数选择

参数名	参数描述	参数值
Q_M	宏处理核数量	4
Q_μ	每个宏处理核中微处理核数量	4
Q_N	每个微处理核中最大神经元数量	256

续表

参数名	参数描述	参数值
Q_{NS}	每个微处理核中每个神经元最大突触数量	1 K
Q_{TS}	每个微处理核中最大总突触数量	16 K
Q_O	最大输出神经元数量	1 K

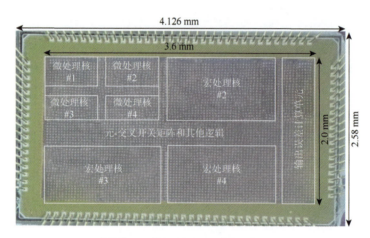

(a) "魔法棒-II" 神经形态处理器芯片显微照片

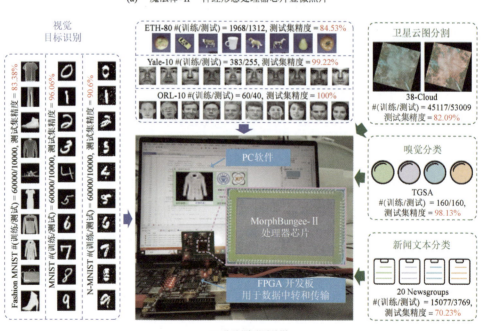

(b) 芯片测试系统[1]

图 7.10　魔法棒-II芯片的显微照片与测试系统

表 7.2 列出了芯片参数规格和测量结果。芯片功耗、吞吐率和能效评估均基于 16×16 亚采样分辨率的 MNIST 数据集和 256-256-256-256-200 结构的 4 层 FC-SNN 得到。PC 软件通过 TTFS 编码将输入样本转换为输入脉冲序列，然后下载到芯片。该芯片达到了 802 fps 和 2270 fps 的高速片上学习和推理帧率，峰值功耗仅约 61 mW，这意味着芯片在学习和推理过程中分别实现了 61 mW/802 fps = 76.1 μJ/帧和 60.8 mW/2270 fps = 26.8 μJ/帧的高能量效率。其中，突触操作（SOP）能效的计算方法见式（4.12）和式（4.13）。

表 7.2　芯片测量结果

工艺	65 nm 1P9M CMOS
实现	数字 ASIC
芯片面积(有源区/总)/mm^2	7.2/10.65
最大神经元/突触数量/(K/K)	4/256
片上学习	DeepTempo
时钟频率/MHz	100
芯片电压/V	1.0（内核），3.3（I/O）
采用 FC-SNN 模型	256（输入）-256-256-256-200
芯片功耗/mW	61.0/60.8 @学习/推理
吞吐率/(fps)	802/2270 @学习/推理
样本级能效/(μJ/帧)	76.1/26.8@学习/推理
SOP 级全局能效/(PJ/SOP)[a]	417.9/154.3@学习/推理
SOP 级增量能效/(PJ/SOP)[a]	10.32/3.04@学习/推理

注：a 关于全局/增量能效的定义和计算方式见 6.3.1 小节和表 6.2。

除 MNIST 图像外，还在 5 个更具挑战性的视觉图像数据集上对"魔法棒-Ⅱ"原型芯片进行了评估，包括 Fashion-MNIST、ETH-80、Yale-10、ORL-10 和 N-MNIST。在 PC 端首先对这些图像进行预处理，依照表 7.3 进行空间分辨率下采样，其中彩色的 ETH-80 图像被进一步转换为灰度图像。然后，用 TTFS 编码方法将预处理后的图像像素编码为脉冲序列，并下载到原型芯片中。注意，对于动态视觉传感器（DVS）采集的 N-MNIST 脉冲数据集，为了兼容 TTFS 编码，将其空间分辨率下采样后每个像素位置的前 2/3 时间窗口长度的脉冲事件数进行累加，得到一幅像素值各点处脉冲个数的"灰度图"，再使用 TTFS 编码。表 7.3 列出了在各数据集上采用的 FC-SNN 结构及片上学习识别率。

表 7.3　"魔法棒-Ⅱ"芯片在各数据集上进行片上学习获得的识别率

数据集	分辨率	训练/测试样本数	FC-SNN 结构	识别率/%
MNIST	16×16	60000/10000	256（输入）-256-256-256-200	96.06
Fashion-MNIST	16×16	60000/10000	256（输入）-256-200	83.38
ETH-80	32×32	1968/1312	1024（输入）-256	84.53
Yale-10	32×32	383/255	1024（输入）-240	99.22
ORL-10	32×32	60/40	1024（输入）-240	100
38-Cloud	16×16×3	45117/53009	768（输入）-128-64	82.09
TGSA	800	160/160	800（输入）-128-20	98.13
20-Newsgroups	1024	15077/3769	1024（输入）-240	70.23
N-MNIST	16×16	60000/10000	与 MNIST 一致	90.6

　　"魔法棒-Ⅱ"神经形态处理器芯片不仅支持视觉图像分类,还能完成图像分割任务,如图 7.10 所示。应用芯片在 38-Cloud[6]卫星图像数据集上执行云图分割任务。云图分割的目标是从每幅图像中分割出云层覆盖的区域,而分割问题通常可以转换为对图像中不重叠的小矩形块(patch)进行二分类的问题,每个矩形块被归类为云或非云。实际处理过程中首先在 PC 端将 38 幅高分辨率的彩色卫星云图下采样为 1 K×1 K 空间分辨率,然后将每张图像切分为细粒度非重叠的 16×16 矩形块。将训练集和测试集中切分出的矩形块分别作为训练和测试样本,每个样本的每个颜色通道像素位置的亮度值都被 TTFS 编码为脉冲,再将编码的脉冲序列送入芯片进行片上学习或推理。最终得到矩形块粒度下的分割准确率为 82.09%(表 7.3 第 7 行)。图 7.11 展示了其中一幅云图图像的分割效果。芯片平均每秒可处理 880 个和 2058 个矩形块样本,平均学习和分割完一整张 1 K×1 K 分辨率 38-Cloud 图像的处理延迟分别为 3.02 s 和 1.29 s。

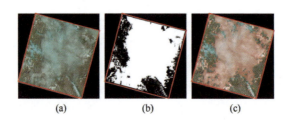

　　　　　　(a)　　　　　　　　　(b)　　　　　　　　　(c)

图 7.11　38-Cloud 数据集及芯片处理的可视化结果

(a) 38-Cloud 卫星云图,包含多云区域和其他区域;(b) 38-Cloud 数据集提供的基准真实分割结果(其中白色区域代表云层);(c) 芯片取得的云图分割结果[其中判定为有云的矩形块标记为浅红色(对于每幅 38-Cloud 图像,只挑选红框内部和边界上不重叠的 16×16 分辨率矩形块,红框边界外则是完全黑色的区域,不包含任何视觉信息[1])]

"魔法棒-II" 神经形态处理器芯片还能够胜任各种非视觉型智能任务，如嗅觉分类。在双气体传感器阵列（twin gas sensor arrays，TGSA）数据集[7]上的实验结果验证了这一点，该数据集包含 4 种类型的气体。实验中首先对原始嗅觉数据集进行了预处理，利用文献[8]提出的方法，用由实值元素组成的、具有 800 个分量的向量来表示每个样本，然后用 TTFS 编码将每个分量的值转换成单个脉冲。对 TGSA 训练集进行片上学习后，处理器在 TGSA 测试集上达到了 98.13%的高分类准确率，并记录在表 7.3 中第 8 行。

"魔法棒-II" 神经形态处理器芯片实现的另一个非视觉智能任务是新闻文本分类。实验中使用了包含 20 个主题新闻文本的 20-Newsgroups 数据集[9]。PC 上的预处理步骤如下。首先，需要在所有文本样本中挑选出现频率最高的 1024 个单词，并按照降序排列。然后，将每个样本转换为直方图表示，直方图的每个条目（bin）表示该样本对应单词出现的频率。接下来，将每个样本用 TTFS 编码为脉冲序列，并下载到芯片中进行训练或推理。如表 7.3 所示，将芯片配置为单层 FC-SNN 进行训练，最终在测试集上获得了 70.23%的分类准确率。

图 7.12 展示了芯片在上述数据集中进行片上学习时的收敛曲线。在表 7.3 的网络结构下，训练每个数据集时都对学习速率进行了微调，以在快速收敛（能耗较低）和识别率之间寻求最佳平衡。如图 7.12 所示，处理器在学习 MNIST 图像、ORL-10 和 Yale-10 人脸及 TGSA 气体数据集时只需数十次迭代就可以收敛，这在能源和延迟受限的物端智能应用中具有非常大的优势。

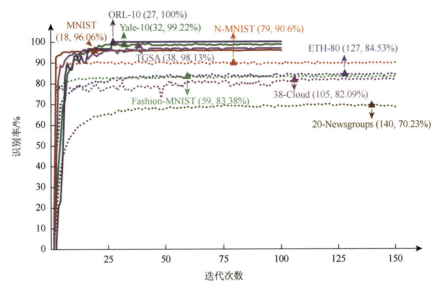

图 7.12　芯片在不同基准数据集的片上学习收敛曲线

每条曲线上用实心三角形符号标记出了收敛点（迭代次数、测试精度），收敛点为学习曲线中的识别率的峰值点

7.3.2　工作对比

　　表 7.4 将"魔法棒-Ⅱ"神经形态处理器芯片与已报道的用于物端模式识别的先进数字神经形态 ASIC 进行比较①。为了公平比较，表 7.4 中只列出了通过片上学习获得的识别率。从表中可以看出，"魔法棒-Ⅱ"芯片拥有高识别率片上学习能力、较高的处理帧率、适中的功耗和能效，并且芯片面积相对较小，非常适合在系统成本、供能和延迟受限及难以事先收集训练样本的各种智能物端开放场景应用。表中，Darwin[10] 是早期报道的芯片，不支持片上学习且处理帧率较低，ODIN[11]、MorphIC[13]、Tang's[14] 和 RAINE[15] 等芯片主要聚焦于极高的能效和/或低面积成本，仅支持映射小型 SNN 和非常简单的片上学习规则。因此，它们在MNIST 图像数据集上的片上学习精度相对较低，在实际应用场景中的识别率可能受限。相比之下，"魔法棒-Ⅱ"芯片的目标主要在于尽可能减小芯片面积、提高能量效率、缩短处理延迟的同时，提升面向物端应用的片上学习能力。表 7.4 中还与最新报道的几款先进数字神经形态芯片进行了对比，包括 Reckon[19]、ANP-I[20, 21] 和 ANP-G[22]，它们主要侧重于对片上学习和识别更具挑战性的脉冲传感型动态数据集。Reckon[19] 处理器支持改进的 e-prop 学习规则，可以有效学习识别 IBM DVS Gesture 和 Keyword Spotting（KWS）数据集，并表现出较高的能效，但未报道数据吞吐率，并且芯片架构缺乏可扩展性，无法支持映射更大规模的SNN。相比之下，"魔法棒-Ⅱ"芯片结合了层次化多核并行架构和元-交叉开关矩阵，具有良好的可扩展性。ANP-I[20, 21] 处理器利用先进的定制异步电路技术和优化学习规则，实现了非常高的吞吐率和能效，并在 N-MNIST、IBM DVS-Gesture和 KWS 等具有挑战性的数据集上实现了高片上学习精度，但未报道其在静态图像数据集上的性能指标。"魔法棒-Ⅱ"芯片在 N-MNIST 数据集上仅取得了较低的识别准确率，这是因为它主要面向 TTFS 编码的静态数据样本，与每个像素位置可能具有多个输入脉冲的神经形态数据格式不兼容，故需要统计各个像素位置脉冲总数再进行编码转换，从而丢失了各个脉冲精确的时间信息。在具有挑战性的 UCI VOCs 和易燃有毒气体数据集上，专用于气体分类的 ANP-G[22] 芯片也取得了高能效和高精度片上学习能力。

　　与采用定制异步电路设计和验证流程的 ANP-I 和 ANP-G 处理器相比，"魔法棒-Ⅱ"芯片主要聚焦于算法与硬件的协同设计，以及架构层和逻辑层硬件优化，以实现处理速度、芯片面积、能量效率和学习性能的全面权衡。这种设计范式可以很容易地利用现成的标准数字 VLSI 自动化设计工具来快速完成芯片设计。与

---

　　① 表格中对比的 ASIC 芯片截至本章介绍的芯片[1]发表之前。

表 7.4 与最先进的物端数字神经形态 ASIC 的对比

芯片	工艺/nm	芯片面积/mm²	[d]归一化面积/mm²	片上学习-算法	片上学习-识别率	时钟	内核电压/V	功耗	处理速度@(N-)MNIST	能量效率	[i]归一化能效
Darwin[10]	180	[b]25	[b]0.6	No	N/A	70 MHz	1.8	58.8 mW	[h]6.25 fps	N/A	N/A
ODIN[11]	28	[c]0.086	[c]0.086	SDSP	MNIST:[e]84.5%	100 MHz	0.55	477 μW	N/A	[g]8.4 pJ/SOP4	[g]8.4 pJ/SOP4△
Chen's[12]	10	[b]1.72	[b]13.48	STDP	MNIST:[e]89%	506 MHz	0.525	N/A	N/A	[g]16.8 pJ/SOP▲ [h]8.3 pJ/SOP▲	[g]46.7 pJ/SOP▲ [h]23.1 pJ/SOP▲
MorphIC[13]	65	[b]3.5	[b]0.65	Stochastic SDSP	N/A	210 MHz	0.8	26.8 mW	N/A	[h]30 pJ/SOP△	[h]12.93 pJ/SOP△
[a]Tang's[14]	65	[c]0.39	[c]0.072	Spike-count-driven	MNIST:87.4%	384 MHz	1.2	N/A	N/A	[g]1.42 pJ/SOP△ [h]0.26 pJ/SOP△	[g]0.61 pJ/SOP△ [h]0.11 pJ/SOP△
RAINE[15]	40	[c]0.738	[c]0.36	TR-STDP	MNIST:81.8%	30 MHz	0.45	1.49 mW	[g]34.7 fps [h]54.5 fps	[g]42.98 μJ/image [h]27.35 μJ/image	[g]30.06 μJ/image [h]19.13 μJ/image
[a]Kim's[16]	65	[c]5.98	[c]1.11	STDP	[f]N/A	333 MHz	1.2	N/A	N/A	[g]5.8 nJ/neuron [h]612.7 nJ/image	[g]2.5 nJ/neuron 336.9 pJ/pixel
Liu's[17]	130	[c]1.99	[c]0.092	No	N/A	100 MHz	1.2	77 mW	N/A	[h]35 pJ/SOP	[h]7.54 pJ/SOP
Chundi's[18]	65	[c]1.99	[c]0.37	No	N/A	70 kHz	0.52	305 nW	[h]2 fps	[h]1.5 pJ/SOP▲	[h]0.65 pJ/SOP▲
ReckOn[19]	28	[b]0.87 [c]0.45	[b]0.87 [c]0.45	Modified e-prop	DVS-Gest:87.3% KWS:90.7%	13 MHz 115 MHz	0.5 0.8	135 μW	N/A	5.3 pJ/SOP 12.8 pJ/SOP	5.3 pJ/SOP 12.8 pJ/SOP
ANP-I[20,21]	28	[b]1.63 [c]1.27	[b]1.63 [c]1.27	S-TP	N-MNIST:96.0% DVS Gest.:92.0% KWS:92.6%	40 MHz	0.56	2.91 mW	[j]71324 samples/s [j]8484 samples/s	[g]40.8 nJ/sample [h]343 nJ/sample 1.49 pJ/SOP▲	[g]40.8 nJ/sample [h]343 nJ/sample 1.49 pJ/SOP▲
ANP-G[22]	28	[b]1.0 [c]0.4	[b]1.0 [c]0.4	Supervised STDP	VOCs:90.9% FTs:97.85%	210 MHz 30 MHz 240 MHz	0.9 0.55 0.9	56.8 μW 33.27 μW 257.7 μW	N/A	4.16 pJ/SOP▲ 1.04 pJ/SOP▲ 3.85 pJ/SOP▲	4.16 pJ/SOP▲ 1.04 pJ/SOP▲ 3.85 pJ/SOP▲

续表

芯片	工艺/nm	芯片面积/mm²	d归一化面积/mm²	片上学习 算法	片上学习 识别率	时钟	内核电压/V	功耗	处理速度@(N-)MNIST	能量效率	i归一化能效
MorphBungee-II	65	b10.65 c7.2	b1.98 c1.34	DeepTempo	MNIST:96.06% Fashion:83.38% ETH-80:84.53% Yale-10:99.22% ORL-10:100% 38-Cloud:82.09% TGSA:98.13% 20-News:70.23% N-MNIST:90.6%	100 MHz	1.0	61 mW	g802 fps h2270 fps	g76.1 μJ/image h26.8 μJ/image g417.9 pJ/SOP▲ h154.3 pJ/SOP△ g10.32 pJ/SOP△ h3.04 pJ/SOP△	g32.8 μJ/image h11.6 μJ/image g180.1 pJ/SOP▲ h66.5 pJ/SOP▲ g4.45 pJ/SOP△ h1.31 pJ/SOP△

a 未流片制造，所有结果均通过 EDA 工具仿真得出。b 芯片总面积。c 芯片有源区面积。d 归一化面积 = 报道面积/(制程/28 nm)²。e 片外采用图像域的预处理。f 不支持端到端片上学习。g 学习能效。h 推理时测量。i 归一化能效 = 报道能效/(制程/28 nm)²。j 通过"帧率÷能耗"推断。

▲全局 SOP 级能效。△增量 SOP 级能效。

表 7.4 报道的许多物端数字神经形态芯片[10-18]一样，"魔法棒-Ⅱ"暂时还没有进一步在晶体管级进行定制电路优化以实现极其紧凑的芯片面积和超高能效。但作者认为，先进的异步数字电路设计技术对未来实现具备高速、高能效、高精度片上学习能力的物端神经形态芯片至关重要。

参 考 文 献

[1] Wang T X，Tian M，Wang H B，et al. MorphBungee：A 65-nm 7.2-mm^2 27-μJ/image digital edge neuromorphic chip with on-chip 802-frame/s multi-layer spiking neural network learning[J]. IEEE Transactions on Biomedical Circuits and Systems，2024，99：1-16.

[2] Jacob B，Kligys S，Chen B，et al. Quantization and training of neural networks for efficient integer-arithmetic-only inference[C]//2018 IEEE/CVF Conference on Computer Vision and Pattern Recognition. Salt Lake City，UT，USA：IEEE，2018：2704-2713.

[3] Nagel M，Fournarakis M，Ali Amjad R，et al. A white paper on neural network quantization[EB/OL]. [2021-6-15]. https://arxiv.org/abs/2106.08295v1.

[4] Sakemi Y，Morino K，Morie T，et al. A supervised learning algorithm for multilayer spiking neural networks based on temporal coding toward energy-efficient VLSI processor design[J]. IEEE Transactions on Neural Networks and Learning Systems，2023，34（1）：394-408.

[5] Zhou S B，Li X H，Chen Y，et al. Temporal-coded deep spiking neural network with easy training and robust performance[J]. Proceedings of the AAAI Conference on Artificial Intelligence，2021，35（12）：11143-11151.

[6] Mohajerani S，Saeedi P. Cloud-Net：An end-to-end cloud detection algorithm for landsat 8 imagery[C]// IGARSS2019-2019 IEEE International Geoscience and Remote Sensing Symposium，Yokohama，Japan：IEEE，2019：1029-1032.

[7] Fonollosa J，Fernández L，Gutiérrez-Gálvez A，et al. Calibration transfer and drift counteraction in chemical sensor arrays using direct standardization[J]. Sensors and Actuators B：Chemical，2016，236：1044-1053.

[8] Shi C，Wang Y X，Tian F C，et al. NORP：A compact neuromorphic olfactory recognition processor with on-chip hybrid learning[C]//2023 IEEE International Conference on Integrated Circuits，Technologies and Applications （ICTA），Hefei，China：IEEE，2023：31-32.

[9] Lang K. NewsWeeder：Learning to Filter Netnews[M]. Machine Learning Proceedings 1995. Amsterdam：Elsevier，1995：331-339.

[10] Ma D，Shen J C，Gu Z H，et al. Darwin：A neuromorphic hardware co-processor based on spiking neural networks[J]. Journal of Systems Architecture，2017，77（2）：43-51.

[11] Frenkel C，Lefebvre M，Legat J D，et al. A 0.086-mm^2 12.7-pJ/SOP 64k-synapse 256-neuron online-learning digital spiking neuromorphic processor in 28-nm CMOS[J]. IEEE Transactions on Biomedical Circuits and Systems，2019，13（1）：145-158.

[12] Chen G K，Kumar R，Sumbul H E，et al. A 4096-neuron 1 M-synapse 3.8-pJ/SOP spiking neural network with on-chip STDP learning and sparse weights in 10-nm FinFET CMOS[J]. IEEE Journal of Solid-State Circuits，2019，54（4）：992-1002.

[13] Frenkel C，Legat J D，Bol D. MorphIC：A 65-nm 738 k-synapse/mm^2 quad-core binary-weight digital neuromorphic processor with stochastic spike-driven online learning[J]. IEEE Transactions on Biomedical Circuits and Systems，2019，13（5）：999-1010.

[14] Tang H，Kim Heetak，Kim Hyeonseong. Spike counts based low complexity SNN architecture with binary synapse[J]. IEEE Transactions on Biomedical Circuits and Systems，2019，13（6）：1664-1677.

[15] Fang C M，Wang C Q，Zhao S Q，et al. A 510 μW 0.738-mm^2 6.2-pJ/SOP online learning multi-topology SNN processor with unified computation engine in 40-nm CMOS[J]. IEEE Transactions on Biomedical Circuits and Systems，2023，17（3）：507-520.

[16] Kim H，Tang H，Choi W，et al. An energy-quality scalable STDP based sparse coding processor with on-chip learning capability[J]. IEEE Transactions on Biomedical Circuits and Systems，2020，14（1）：125-137.

[17] Liu Y C，Qian K，Hu S G，et al. Application of deep compression technique in spiking neural network chip[J]. IEEE Transactions on Biomedical Circuits and Systems，2020，14（2）：274-282.

[18] Chundi P K，Wang D W，Kim S J，et al. Always-on sub-microwatt spiking neural network based on spike-driven clock-and power-gating for an ultra-low-power intelligent device[J]. Frontiers in Neuroscience，2021，15：684113.

[19] Frenkel C，Indiveri G. ReckOn：A 28 nm sub-mm^2 task-agnostic spiking recurrent neural network processor enabling on-chip learning over second-long timescales[J]. 2022 IEEE International Solid-State Circuits Conference（ISSCC），San Francisco，USA，2022：1-3.

[20] Zhang J，Huo D，Zhang J，et al. 22.6 ANP-I：A 28nm 1.5pJ/SOP asynchronous spiking neural network processor enabling sub-0.1 μJ/sample on-chip learning for edge-AI applications[C]//2023 IEEE International Solid-State Circuits Conference（ISSCC），San Francisco，CA，USA：IEEE，2023：21-23.

[21] Zhang J，Huo D，Zhang J，et al. ANP-I：A 28-nm 1.5-pJ/SOP asynchronous spiking neural network processor enabling sub-0.1-μJ/sample on-chip learning for edge-AI applications[J]. IEEE Journal of Solid-State Circuits. doi：10.1109/JSSC.2024.3357045.

[22] Huo D，Zhang J，Dai X，et al. ANP-G：A 28 nm 1.04pJ/SOP sub-mm^2 spiking and backpropagation hybrid neural network asynchronous olfactory processor enabling few-shot class-incremental on-chip learning[C]//2023 IEEE Symposium on VLSI Technology and Circuits（VLSI Technology and Circuits），Kyoto，Japan：IEEE，2023：1-2.

第 8 章　未来展望：基于忆阻器的神经形态处理器

　　资源紧张的物端应用场景对神经形态处理器的延迟、能效等方面提出了极为严苛的要求。本书介绍的几款神经形态处理器芯片虽然相比基于冯·诺依曼架构的 CPU 和 GPU 等传统处理器实现了更高的能量效率，但其计算单元和存储单元在物理上仍是相互分离的，当数据频繁地在二者之间进行搬运时，大量的能量和时间将消耗在存储器的读写过程和数据传输过程中，同样会遭遇"功耗墙"和"存储墙"瓶颈，而这也限制了神经形态处理器算力和能效的提升。

　　为了满足未来物端智能计算系统对处理器高能效、高实时性和成本最小化的需求，迫切需要解决"功耗墙"和"存储墙"瓶颈问题。如今，一种新兴的存算一体（compute-in-memory，CIM）技术将存储单元和计算单元在物理元件层面融合到一起，大幅降低了数据搬运能耗，并提升了数据处理速度，有望解决"功耗墙"和"存储墙"问题，以满足物端智能应用场景的需求[1]。

　　目前已发现多种新兴的纳米器件具有存算一体的特性。其中，一种具有极性的两端器件记忆电阻器或简称忆阻器（memristor）[2, 3]具有纳米级尺寸、低功耗、高密度及可以模拟真实生物神经元突触的特性[4]，表现出用于实现脉冲神经网络的巨大潜力。已有部分研究采用忆阻器实现神经形态电路系统。其中，一项工作提出了一种基于忆阻器的片上强化学习神经网络处理器算法模型及硬件电路设计[5]，将类脑智能与非易失的、存算一体的新型材料器件忆阻器相结合，提出基于 1M4T（1-memristor-4-transistors）忆阻器突触阵列的存算一体片上强化学习，并进一步搭建完整硬件原型验证系统，成功实现了图像识别任务，突破了传统冯·诺伊曼架构的能效瓶颈，具有高度并行、速度快、片上学习、高能效、高识别率的优势，为实现新型高能效神经形态计算提供了一种新方法。另一项工作基于 1M4T 忆阻器突触电路提出了一种轻量级脉冲生成对抗网络算法模型和硬件电路设计，显著降低了计算复杂度并支持片上 R-STDP 学习[6]。其中，脉冲生成对抗网络的生成器和鉴别器均采用单层脉冲神经网络来提高计算性能，在 MNIST 和 Fashion-MNIST 数据集上的测试结果表明，本书介绍的生成对抗网络可以有效生成数据样本，证明这种基于忆阻器的脉冲生成对抗网络在高速节能数据增强方面的巨大潜力。这些工作证明了结合新兴的纳米器件存算一体的特性，有望进一步提升神经形态处理器的性能，加速物端智能计算研究领域的发展。

　　虽然，忆阻器本身特有的存算一体性非常适于实现对能效要求极高的物端智能应用场景，但目前忆阻器器件本身存在阻值波动性大、工艺不稳定和与标准工艺不兼容等问题，阻碍了基于忆阻器的实际应用。因此，面向标准工艺，将忆阻器器件工艺移植到标准工艺中，可以更好地发挥忆阻器在神经形态处理器中的高能效优势。

参 考 文 献

[1]　Sun Z，Kvatinsky S，Si X，et al. A full spectrum of computing-in-memory technologies[J]. Nature Electronics，2023，6（11）：823-835.

[2]　Chua L. Memristor: The missing circuit element[J]. IEEE Transactions on Circuit Theory，1971，18（5）：507-519.

[3]　Zhang W B，Yao P，Gao B，et al. Edge learning using a fully integrated neuro-inspired memristor chip[J]. Science，2023，381（6663）：1205-1211.

[4]　Linares-Barranco B，Serrano-Gotarredona T. Memristance can explain spike-time-dependent-plasticity in neural synapses[J]. Nature Precedings，2009，1（1）：1-4.

[5]　Shi C，Lu J，Wang Y，et al. Exploiting memristors for neuromorphic reinforcement learning[C]//2021 IEEE 3rd International Conference on Artificial Intelligence Circuits and Systems（AICAS），Washinton DC，USA：IEEE，2021：1-5.

[6]　Tian M，Lu J，Gao H R，et al. A lightweight spiking GAN model for memristor-centric silicon circuit with on-chip reinforcement adversarial learning[C]//2022 IEEE International Symposium on Circuits & Systems（ISCAS），Austin，TX，USA：IEEE，2022：3388-3392.